基礎から学ぶ **土質工学**

西村友良
佐藤研一
杉井俊夫
小林康昭
規矩大義
須網功二
著

朝倉書店

まえがき

　本書は"土質力学"，"土質工学"，"地盤環境"を初めて学ぼうとしている人たちのために，執筆したものである．執筆者のほとんどは日頃，大学で若い人たちに土質工学，土質力学，施工技術，施工管理などを教えている．土や地盤に対する考え方や理論は，土質工学，基礎工学，施工技術の手法や経験的な法則のもとになり，構造物の設計や施工に必要な知識になっている．理論や経験の存在なくしてインフラ整備をすることは不可能，といっても過言ではない．
　今回，書名は『土質工学』としたが，土質力学と土質工学の線引きは非常に難しく，本書の中にも理論を展開した力学の部分と，理論から実際に使う工学の部分が混在している．両者を学び習得しないと，技術者として成長しえない．立派な技術者になるために，本書に書かれている知識を習得してもらいたいと思う．

　地盤は，構造物を安全に支える役割をもっているだけではない．われわれが住んでいる日本が宿命づけられている，台風，地震などの自然の力によって発生する土砂崩れ，土石流，斜面崩壊，液状化などは災害の元凶にもなる．これらの災害の発生を防ぎ抑えるためにも，土質や地盤への理解が必要である．さらに最近では，土壌の汚染といった自然環境の破壊や，人体に及ぼす悪影響も社会的な問題になっている．地盤環境の保全には，法の整備などの自然科学を超えた対応が必要であるが，何よりも，土質工学の学習，教育，研究を通じて，地盤環境保全の大切さを身に着けることが必要である．

　本書では，土構造物の設計，地盤災害，防災，地盤環境などの実用面にも応用できるように，土質力学・工学の基礎知識をわかりやすくまとめている．同時に各章に演習問題を設け，理解度を確かめられるようにしている．大学などの高等

教育機関の多くは，実践的な技術者を育成する制度を取り入れている．これは，外部機関が大学などの高等教育機関の教育プログラムを審査して産業界が要求する水準を満たしていれば認定に至る制度である．審査項目にはシラバスの構成や内容もその対象に含まれている．本書の構成は，この制度の主旨に沿ったシラバスの構築がしやすいように，考慮してある．ぜひ各方面でご活用いただければ幸いである．

最後に，本書の完成にご協力を頂いた朝倉書店の編集部にお礼を申し上げます．

2007年8月

執筆者を代表して 西村友良

目　　次

1. **序　　論** …………………………………………………………… *1*
   - 1.1　土質力学・工学の位置づけ　*1*
   - 1.2　地形・地質を知る必要性　*2*
   - 1.3　地盤構造　*2*
   - 1.4　地　形　*3*
   - 1.5　岩　石　*3*
   - 1.6　土の生成　*4*
   - 1.7　生成過程と異なる土　*6*
   - 1.8　洪積層と沖積層　*8*
   - 1.9　土の骨格と構造　*9*

2. **地 盤 調 査** ………………………………………………………… *11*
   - 2.1　地盤災害　*11*
   - 2.2　土質調査の必要性と分類　*12*
   - 2.3　サンプリング　*13*
   - 2.4　サウンディングとその種類　*14*

3. **土の基本的性質** …………………………………………………… *19*
   - 3.1　土の粒度と粒度試験　*19*
   - 3.2　粒径加積曲線　*20*
   - 3.3　土の基本的諸量　*21*
   - 3.4　土のコンシステンシー限界　*25*
   - 3.5　土の分類　*28*

4. 地盤内応力分布 …………………………………………………… 31

    4.1　土に働く力と有効応力　*31*

    4.2　土の自重による応力　*33*

    4.3　地盤の応力分布　*35*

5. 透　　　水 …………………………………………………………… 44

    5.1　種々の土中水　*44*

    5.2　水　頭　*44*

    5.3　ダルシーの法則　*46*

    5.4　室内・現場透水試験　*46*

    5.5　浸透水圧　*49*

    5.6　流線網　*52*

    5.7　互層地盤の透水係数　*53*

    5.8　毛管現象　*54*

    5.9　凍　上　*55*

6. 圧　　　密 …………………………………………………………… 57

    6.1　圧縮と圧密の違い　*57*

    6.2　圧密現象を捉える　*58*

    6.3　圧密試験　*65*

    6.4　現場での沈下現象を捉える　*70*

7. 土のせん断強さ ……………………………………………………… 73

    7.1　応力成分　*73*

    7.2　モールの応力円　*75*

    7.3　土の破壊規準　*76*

    7.4　クーロンの破壊規準　*77*

    7.5　せん断試験の種類　*78*

    7.6　砂のせん断特性　*82*

    7.7　粘性土のせん断特性　*83*

    7.8　粘性土の圧密非排水せん断特性　*84*

8. 土の締固め … 86
8.1 土の安定化　*86*
8.2 突固めによる締固め試験　*86*
8.3 締固め曲線　*88*
8.4 締固め施工管理　*90*
8.5 CBR試験　*91*
8.6 設計CBRの決定　*94*

9. 土　　圧 … *96*
9.1 構造物に働く土圧　*96*
9.2 ランキンの土圧　*97*
9.3 クーロン土圧　*103*
9.4 擁壁の安定　*106*
9.5 矢板に作用する土圧分布　*108*

10. 支　持　力 … *110*
10.1 支持力理論　*110*
10.2 せん断破壊　*111*
10.3 極限支持力　*111*
10.4 支持力公式　*112*
10.5 許容支持力　*117*
10.6 基礎の支持力　*118*
10.7 杭基礎の支持力　*119*

11. 斜面安定 … *122*
11.1 斜面の安全率の考え方　*122*
11.2 斜面の破壊形式　*123*
11.3 安定計算の基本的な考え方　*124*
11.4 分割法　*125*
11.5 スウェーデン法　*126*
11.6 臨界円と摩擦円法　*127*
11.7 安定図表・深さ係数と限界高さ　*127*

12. 土の動的性質 ……………………………………………………… 131
　12.1　地盤の動的問題　*131*
　12.2　液状化現象　*132*
　12.3　液状化のメカニズム　*133*
　12.4　液状化発生の要因　*135*
　12.5　液状化の判定と予測　*136*
　12.6　液状化対策　*138*

13. 軟弱地盤と地盤改良 ……………………………………………… 141
　13.1　軟弱地盤の形成と定義　*141*
　13.2　軟弱地盤の地盤改良　*143*
　13.3　軟弱地盤改良工法　*146*

14. 土壌汚染と土壌浄化 ……………………………………………… 155
　14.1　土壌・地下水汚染とは　*155*
　14.2　土壌汚染・地下水汚染に関する法規制　*156*
　14.3　土壌汚染・地下水汚染の実態と特徴　*158*
　14.4　土壌・地下水中における汚染物質の挙動　*161*
　14.5　土壌・地下水汚染対策の措置　*164*

演習問題解答 ……………………………………………………………… *169*
索　　引 …………………………………………………………………… *179*

1 序論

豊かな季節を織りなす日本は，その自然環境に恵まれると同時に，特徴的な地形を有している．日本列島の国土の大部分が約2億年前以降にできたもので，その約7割が山地・台地・丘陵地であり，残りの3割が低地・平地・平野部である．人々の生活はこの少ない平野部で営まれ，低地と台地を合わせた平地面積（可住面積）の割合は欧米の先進国に比べて低い．

このような国土において，ダム，道路，トンネル，造成などの建設工事の際に立ち上げられるプロジェクトの流れは，企画―計画―調査―設計―積算―入札―契約―施工―供用―廃棄のようになることが多い．設計に入る前に，計画地点・地域の地形・地質・地盤条件・水文条件，環境条件に対する見方・考え方に土質工学の知識を加え，地形・地質から自然災害が起こりやすい地理的条件を理解する必要がある．

土と基礎，45 (469)，1997 より

1.1 土質力学・工学の位置づけ

建築物，高層建造物，道路，鉄道，ダム，空港，橋梁などのすべては，建設されるにあたって地盤にかかわりをもっている（図1.1）．そのため地盤の調査を行って土の物理的性質，化学的性質，力学的性質を調べる必要があり，その際土質力学に関する基礎知識が必要となる．**地盤**とは**土**と**岩**を含み，これらを対象と

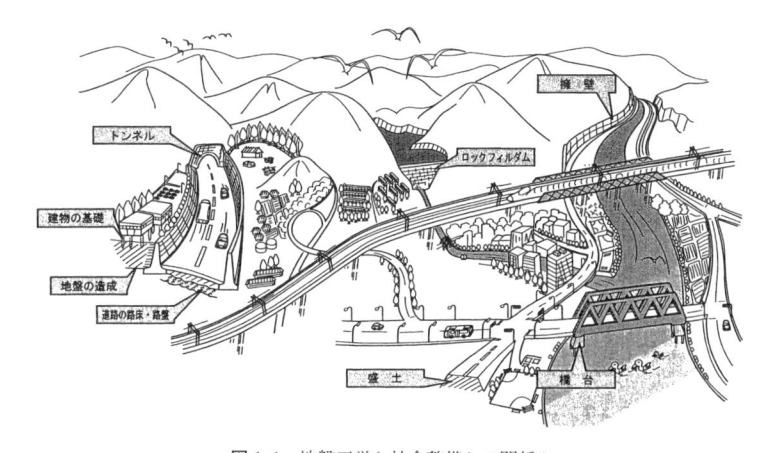

図1.1 地盤工学と社会整備との関係[1]

する学問としては，「**地盤工学**」「**土質力学**」「**土質工学**」「**岩盤力学**」「**土壌学**」「**土壌物理学**」「**地形学**」「**地質学**」などがあげられる．このうち土木や建築などの建設工学を対象とする学問が「地盤工学」「土質工学」「岩盤力学」である．「地盤工学」は構造物を建設する目的で地盤の力学的特性を明らかにする学問である．地盤を構成する土を対象とする学問が「土質工学」であり，岩盤を対象とするものが「岩盤力学」である．「土質工学」と「岩盤力学」はともに，応用力学，水理学，熱力学などの他の分野との関連性がある．さらに近年，土壌汚染が深刻な問題となっており，物質化学の基礎知識が求められるようになっている．

　未固結の地盤を対象とする場合は，「土質力学」あるいは「土質工学」，固結している地盤の場合は「岩盤力学」と区別されてきたが，最近では両者の学際領域は重複してきており，あわせて「地盤工学」と称されている．

1.2　地形・地質を知る必要性

　日本列島は山地・台地・丘陵地が多く，約3割が低地・平地・平野部であるなど，地形的な特徴を有する．

　日本の河川は，世界的にみても，標高の高い位置から河口までの距離が極めて短いために河床勾配が大きく，台風や集中豪雨によって土石流や崖崩れなどの土砂災害が発生しやすい．さらに日本列島は**太平洋プレート，ユーラシアプレート，北アメリカプレート，フィリピン海プレート**の4つのプレートに囲まれた有数の地震国でもある．これまでわが国が受けた地震被害は甚大であり，防災技術の無力感をたびたび味わってきた．

　このような地盤災害を防ぐ安全な設計・施工のために，構造物建設の際，地形・地質から地理的条件を理解することは重要である．まず**地形図**から**地形情報**として地表の起伏，形態，水系などの位置を見分け，あわせて地形規模，空間的規模を理解しなければならない．また**地質図**を使って地層や岩石の種類，岩相，年代，岩盤構造（整合，不整合，断層）などを判断することが必要である．

1.3　地盤構造

　現在の日本列島の大部分の岩盤や地盤は約2億年前以降にできたものといわれ，地球が生まれてからの長い歴史に比べると日本の地盤は新しい．日本列島は4つの大陸・海洋プレートに周囲を囲まれ，海底には海溝と呼ばれる細長く，深い溝が存在している．北海道から千葉県の沖合いにかけて，千島海溝と日本海溝

があり，これらの深い溝では太平洋側からのプレートが日本列島の下に沈みこんでいるため，大きな地震発生の原因ともなっている．またこのような地殻変動が複雑な地層・地形を生んだ理由ともいえる．

　また日本列島には，**造山運動**によって大規模な**断層**がいくつも潜在している．中でも**中央構造線**や**糸魚川・静岡構造線**は有名である．**構造線**とは地体構造に関するような大規模な**断層線**のことをいう．糸魚川・静岡構造線は本州の地体構造を東北と西南に分ける構造線である．中央構造線は図1.2のように長野県・愛知県・四国・九州を走るわが国最大の構造線である．

1.4 地　　形

　岩体や地層には地殻変動によって変位やひずみが与えられ，地殻表面に変形が伝わり，地表面は様々かつ特徴的な形態をとる．これが**地形**として現れる．地形は表1.1のような山地・丘陵地・火山山麓地・台地・低地などの**陸上地形**と，大陸棚・大陸斜面・海溝・海山・海嶺などの**海底地形**に分けられる．地殻変動は地形以外にも岩体や地層の地質や地層の構成・硬さにも影響を与えるため，地形を考察することから地盤情報や地理条件を予測できる．

1.5 岩　　石

　地盤は土あるいは**土壌**，**岩石**からなる．土と岩石は硬さ，外観，形状，構造，生成過程が異なるだけでなく，堆積している地域の生成過程，地質年代の長さなどにより，地質・地層や土質に違いを生じさせる．鉱物粒子が**硬く固結**されているものが岩石である．岩石は深く堆積しており，基礎地盤として構造物を安全に支える役割を果たし，数十kmに及ぶ深さまで形成されている．岩石はつくら

図1.2　中央構造線

表1.1　地形と構成地質との関連

山地	深成岩，火山岩，古生層，中生層，第三紀：基礎地盤として良好
丘陵地	第三紀層，風化した古期岩層，洪積層：基礎地盤として良好
火山山麓地	火山灰層，火山岩，火山砂礫：洪積世時代のもの，不均質な地層構成が多い
台地	洪積層（一般的に）：軟岩や固結した土層
低地（平地）	沖積層：やわらかい土層，軟弱地盤を形成していることが多い

れる過程や地殻変動の影響を受け，その性質や構造も異なってくる．

　岩石は**未固結堆積物，軟岩，硬岩**に区別される．未固結堆積物と軟岩は地質時代の新生代にできたもので，未固結堆積物は最も新しい**第四紀**（現在〜200万年前）のものであり，土粒子同士の結合が弱い．未固結堆積物は形成された地点・営力・地理的条件によって，海成層，河成層，風成層，海浜堆積物，扇状地堆積物，氾濫（原）堆積物，地すべり堆積物，崖錐堆積物，崩積土，土石流堆積物に区別される．軟岩は主に古生代・中生代の地質時代に形成・堆積した岩である．硬岩は白亜紀から古第三紀頃の約7000万年前に堆積した堆積岩である．ここでいくつかの岩石について表1.2にまとめる．

　また構造物を安全に支持するという観点から地盤を分けると，表1.3のように大別できる．

1.6　土 の 生 成

　土は鉱物粒子同士が結合力をもって集まり構造を有する**未固結状態**のものをいい，地球の地殻の表層といわれる地表面から数十mまでの浅い領域に堆積し，森林・植物の生育には不可欠である．岩石あるいは岩層が風化し結合する力が弱くなりその地点で堆積するものと，自然の力で運ばれ堆積するものを指し，前者を**風化土**，後者を**堆積土**という．風化土や堆積土は，岩石や岩層に比べてやわらかく，そのことが建設工事において問題になる．

表1.2　岩石の種類と特徴

泥岩	シルト，粘土の粒子から構成される堆積岩．シルト主体の泥岩をシルト岩．粘土主体の泥岩を粘土岩．堆積面に無関係に剥離しやすいのは，粘板岩
結晶片岩	変成岩の一種．岩石が高温・高圧下で再結晶したもので，強い剥離性がある
蛇紋岩	変成岩の一種．光沢ある剥離面があり，すべりを起こしやすい性質をもつ．また，膨張性が卓越している
花崗岩	火成岩に属する深成岩の一種．一般的に石英・長石・雲母を主成分とする酸性の深成岩．花崗岩は硬質であるが風化が進むとまさ土になる．また風化したものを風化花崗岩とも呼ぶ
軟岩	主として新第三紀鮮新世以降の堆積砂岩，堆積泥岩．褶曲運動などの地殻変動を受けているため，不均質性に加え，割れ目も多い
硬岩	硬い岩であり，約7000万年前の中生代以前の砂岩，礫岩，チャート，石灰岩，深成岩，火山岩，変成岩

1.6 土の生成

表1.3 構造物の安全支持の観点から分類した地盤

硬い岩層の地盤	地質年代の古生層，中生層，第三紀などの堆積岩や火成岩，変成岩よりなる優良な基礎地盤
やわらかい岩層の地盤	やわらかい岩層が主体の地盤．泥岩，砂岩，凝灰岩，軟岩による地盤構成
主体が土の地盤	硬い岩層が風化した風化土．第四紀洪積層と沖積層で生成された土．地盤条件はよくない．建設中に事故・災害が起こりやすい

風化とは固結した硬い岩石や岩体が自然環境の変化に長い期間おかれ，その固結力が小さくなり，割れ目の成長によって，岩石全体がやわらかくなり，やがて細片化することをいう．風化は**物理的風化作用**と**化学的風化作用**に分けられる．

気温の変化による岩石の収縮膨張でその固結状態が弱まり，細片化に至るのが物理的風化作用である．岩体や岩層が降雨浸透や地下水流に接し，**水和作用**に伴い鉱物が溶解して結合力を弱める作用を化学的風化作用という．自然環境において岩から土に分解される過程では，物理的風化作用と化学的風化作用が同時に風化を進めている．この2つの風化作用以外にも**腐朽作用**は枯死した植物や落葉から有機土あるいは植積土の風化土を生成する．土の成因・生成作用・堆積位置による土の分類とその名称を表1.4にまとめる．

風化作用を受けて生成した土が，風化した場所で堆積し地層を形成している場合，**残積土**あるいは**風化土**という．ところが，風化した後に，自然の力（重力，河流，海流，風力，火山活動，氷河など）でその場所から削りとられ（**侵食**），運ばれ（**運搬**），移動した先で地層を形成（**堆積**）する土もある．このような土

表1.4 土の分類

生成位置から見た区別	生成の営力	成因からみた分類
定積土	物理的風化作用 化学的風化作用	残積土（風化土）
	植物の腐朽集積	植積土（有機土）
運積土・堆積土	重力	崩積土
	流水	河成沖積土 海成沖積土 湖成沖積土
	風力	風積土
	火山	火山性堆積土
	氷河	氷積土，氷成土

を**運積土**または**堆積土**と呼ぶ．したがって，運積土または堆積土は山地から海底に堆積し生成するまでの間に図1.3のように侵食作用・運搬作用・堆積作用を受けていることになる．侵食作用・運搬作用・堆積作用の過程の中でその度合いや条件が異なれば，風化生成物に違いが生まれ，異なる組織・構造をもつ地層・地形が形成される．また土の堆積は，地形によっても影響される．急傾斜地では風化生成の速さよりも侵食作用が強いので堆積している残積土は薄く，緩やかな山地や丘陵地では厚い地層の残積土が堆積している．ちなみに風化土と残積土のようにその位置から移動しないで堆積する土を**定積土**ともいう．

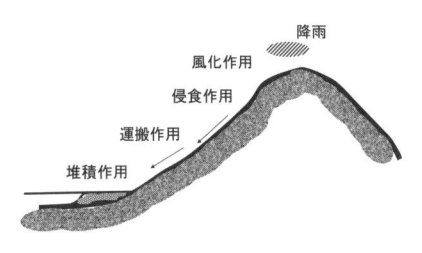

図1.3 風化から堆積までの過程

1.7 生成過程と異なる土

風化した土は河川の流れの力で運び出される．河川の流れが急な場合では礫（レキ）などの粒径の大きなものも運搬されるが，河床勾配が緩やかになるにつれ，河川の流速が小さくなる．水の流れが小さくなると粒径が大きな土粒子から順次，河床に堆積する．平地や海浜付近になると河床勾配がさらに緩やかになり，流速は衰え，非常に小さな粒径の土粒子だけが河川や海水中を浮遊し，時間をかけてゆっくりと堆積する．このような堆積が河川の上流から下流にかけて連続的に行われている．これを**分級作用**といい，その様子を図1.4に示す．

急峻な山地の流域から河口付近では堆積する土の粒径が分級作用によって礫，砂，シルト，粘土へと細かくなっている．この堆積土を**河成沖積土**といい，平地

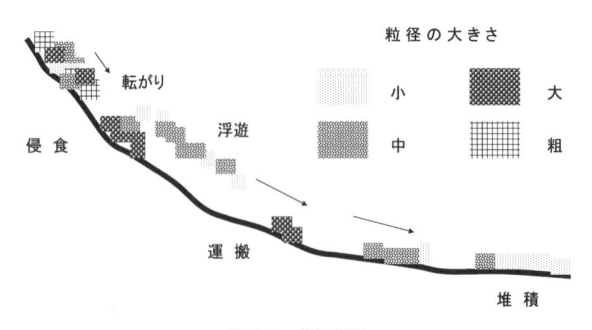

図1.4 分級作用

では河成沖積土が広がりを示し，**沖積平野**を形成している．沖積土とは地質年代の沖積世に堆積した無機質の土のことを指す．河成沖積土が堆積している部分の地形は図1.5のように，上流側から山間部，扇状地帯，自然堤防地帯，三角州地帯に分けられる．

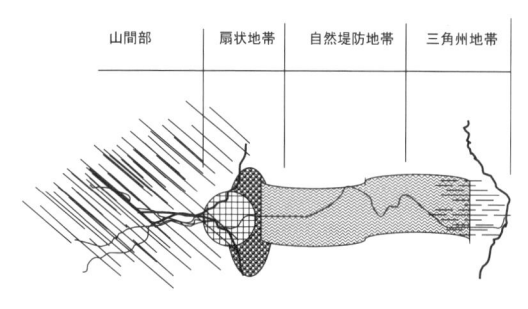

図1.5　河成沖積土

　河川での堆積以外に，河川が海に注ぎ，水の流れが減じて土粒子の運搬能力が小さくなり，海底に堆積した土のことを**海成沖積土**，湖に流入する河川の流れとともに土粒子が運搬され，河口近くから粗い粒径の順に湖底に堆積する土を**湖成沖積土**という．

　崖などで岩肌が露呈し，ゆるんだ岩が重力の作用だけで落下し堆積している運積土を崩積土といい，急な崖や斜面の下では**崖錐**（がいすい）を形成する．

　火山活動が活発なわが国では図1.6のように**火山性降下堆積土**（火山性堆積土）が広く分布している．火山噴火・活動に伴って噴出・放出された火山噴出物がその周辺に降下堆積物として堆積し，生成されたものである．火山砕屑物とも呼ばれ，火山岩，火山レキ，軽石，火山砂，火山灰，スコリア，火山性粘性土，**関東ローム**などに分類される．

　関東ロームは代表的な火山灰質粘性土で，関東地方に十数m程度の厚さで広く分布し，色は赤褐色である．粒度組成はロームではないが，慣用語として，関

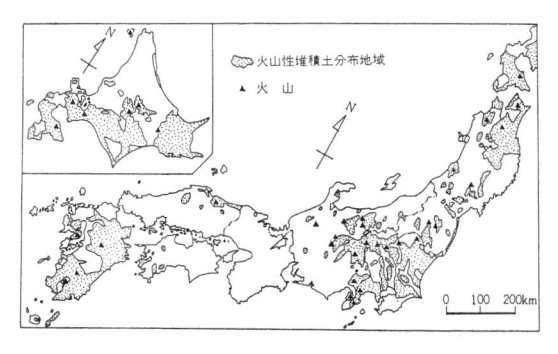

図1.6　火山性堆積土の分布[2)]

東ロームが使われている．粘土鉱物のアロフェンを含み，高含水比で間隙比も高いのが特徴である．

南九州には姶良・阿多両火山から噴出・放出した**しらす**と呼ばれる淡色の火砕流堆積物（軽石質火砕堆積物）が広く堆積している．しらすはガラス質軽石を主体としており，乾燥状態では硬いが，降雨を含むと侵食・崩壊しやすい．東北地方では十和田湖を中心として火山灰土が分布し，青森しらすと通称されている．

氷河期には**氷積土**（氷成土）が生成された．氷積土は氷河の大きな力で岩石が侵食，運搬，堆積した運積土のことである．氷礫土，縞状粘土，クイッククレーなどに分類される．

1.8 洪積層と沖積層

地質年代の新生代は6500万年前から現在を指し，その中でも**第四紀**とは200万年前から現在までの年代を指す．この第四紀に形成された岩盤や地層は建設工事にかかわりが深い．

第四紀の地質時代には氷河期と間氷期が繰り返された．氷河期には氷河が大陸を覆い，約2万年前のウルム氷期には現在の海水面から140 m程度まで下がったといわれている．海水面が下がることで河床侵食が進み，谷が形成された．一方，7000年前から5000年前頃に地球の気温が上がると，逆に氷河が溶けることで海面は回復・上昇し始め，谷に運積土が堆積し，**おぼれ谷**や平地を形成した．このおぼれ谷は現在，軟弱地盤として建設工事において重要な課題となっている．

第四紀の中で，約200万年前から約1万年前までの洪積世（更新世）の時代に生成された地層を**洪積層**という．また1万年前以降の沖積世（完新世）の時代に堆積した地層を**沖積層**と呼ぶ．

洪積層は長い期間堆積しているため固結度が高く，基礎地盤としての役割を十分に果たし良好な地盤であるが，沖積層はやわらく軟弱地盤として地盤沈下，工事中の事故などの多くの問題を抱えている地盤・地層である．

地形から洪積層と沖積層を区別すると，洪積層は沖積層の下に丘陵地，台地，段丘地を形成している．生成時の営力の違いによって海成層，湖成層，河成段丘層，および火山性堆積層に分類される．関東平野の下に分布している**関東ローム**は火山性洪積層の代表的なものである．その厚さは3〜15 mで，時期によって多摩ローム，下末吉ローム，武蔵野ローム，立川ロームの4つがある（図1.7）．

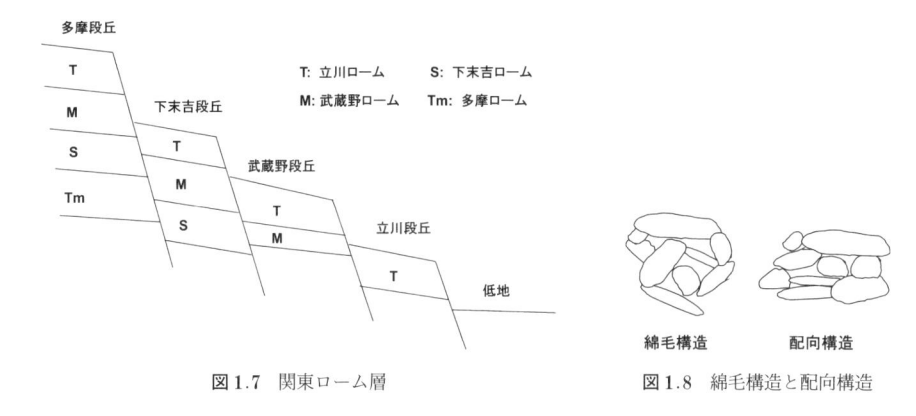

図 1.7　関東ローム層　　　　図 1.8　綿毛構造と配向構造

たとえ洪積層の中でもその形成時代が沖積世に近づくと，沖積層のやわらかさに近づく．

1.9　土の骨格と構造

　土をよくみると，固い粒状体のものと水と空気が含まれていることがわかる．土質力学ではこの固い粒を**土粒子**と呼ぶ．自然地盤の中ではたくさんの土粒子同士が不規則に，かつ複雑に集まり結びつき，**骨格**を形成している．その骨格は土粒子の大きさや形状で異なり，またその配列を土の**構造**と呼ぶ．土の構造内には，土粒子以外に**間隙水**と**間隙空気**が占めている．

　土の構造は地層が堆積するときの営力や分級作用によって異なっているため，粗粒土や細粒土は，地層が外力を受けたときの性質（強度・変形）や透水性で違いがみられる．

　大きな土粒子が集まった粗粒土では，土粒子の形状が角ばっているものと球形に近いものでは骨格内部の間隙の大きさに違いが生まれ，比較的丸みがあるほうが間隙が小さくなる．一方，土粒子表面が角ばったり凹凸があると複雑な骨格が形成され，間隙が大きくなりやすい．分級作用を受けた運積土では，地層面に対する深さ方向と水平方向では土の骨格に違いがある．この骨格の違いが原因で，地層に外力を載荷したときの土の変形量に差が現れてくる．このような性質を土の**異方性**と呼び，特に砂地盤ではそれが顕著である．

　細粒土の中でも粒径が数 μm 程度の粘土粒子になると，形状は薄片状や針状になる．また粘土粒子の端部は正の電荷に，端部以外の表面では負の電荷に帯電している．正負の電荷で覆われた粘土粒子は水中で水分子の正のイオンと電気的

な結合を起こし，膜を形成する．この膜は**吸着水膜**と呼ばれ，粘土粒子表面を吸着したまま覆っている．吸着水膜内の水は**自由水**（重力の作用で移動する水）と性質が異なる．粘土粒子表面には水分子以外の陽イオン，水素，ナトリウム，カリウムなどが付着することもあり，粘土粒子同士を結びつけ複雑な構造をつくり上げる役目を果たしている．吸着水膜が厚いと粒子同士に反発し合う力が作用し，一方吸着水膜が薄いと引き付け合う力が卓越する．粘土粒子が水中で浮遊・沈降する間に**綿毛構造**，**配向構造**，蜂の巣構造などが形成され，その間隙内にたくさんの水が保水されることがある（図 1.8）．

演 習 問 題

1.1 日本列島を取り囲むように存在している 4 つのプレートをあげよ．
1.2 地形図・地質図からどのような情報を得ることができるかを述べよ．
1.3 岩石を大きく 3 つに区分せよ．
1.4 土の定義を述べよ．
1.5 土が生成されるときの位置から区別される土の呼び名をあげよ．
1.6 分級作用について説明せよ．

参考文献
1) 土木学会土質試験の手引き編集小委員会編：土質試験のてびき（改訂版），土木学会，2003．
2) 池田俊雄：地盤と構造物―自然条件に適応した設計へのアプローチ―，鹿島出版会，1975．
3) 池田俊雄：チュウ積層と洪積層．土と基礎，**20** (8)，1972．
4) 地盤工学会：事例で学ぶ地質の話―地盤工学技術者のための地質入門―（入門シリーズ 30），1989．
5) 島 博保・奥園誠之・今村遼平：土木技術者のための現地踏査，鹿島出版会，1982．
6) 地質調査所編：日本地質アトラス（第 2 版），朝倉書店，1992．

2 地盤調査

　土木構造物は人々の豊かで安全・安心,快適な生活環境を創造・確保・維持するために,大きな役割を果たしている.多くの土木構造物は身近なものから地球規模に及ぶような巨大なものまで存在し,地球環境に対する影響力も大きい.

　災害から生命や財産を守り,社会基盤を整える機能をもつ土木構造物それ自体が,安全で安定した地盤に支えられなければならない.そのため土木技術者は,環境に対する十分な配慮をして調査・計画・設計・施工・管理をしなければならない.

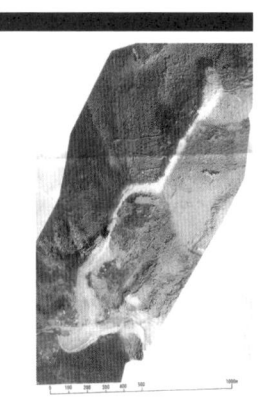

2.1 地盤災害

　平野部・平地が少ないという特徴のある地理的条件のわが国では,人口の増加と生活範囲の拡大とともに,山を削り,森林を伐採し道路拡張,社会施設の建設,宅地開発を進めるなどを,経済の成長に合わせて積極的に行ってきた.生活圏を山間部に広げ,海岸・海浜を埋め立て地として整備する際,安全で安定した構造物を支えるため,土質力学が発展してきたといっても過言ではない.しかしこのような国土の開発の一方で,**台風,豪雨,地震,津波,火山噴火**などの自然の巨大なエネルギーによって土砂災害,構造物の破壊,堤防の決壊,土石流,家屋の倒壊,風水害など多くの災害が繰り返し発生し,そのたびに大きな被害が起きていることも事実である.災害発生地域,災害によってもたらされた被害の規模や状況は地理的条件にも深いかかわりがある.土木技術者はこのような災害による危険の予測を怠ることなく,災害から人々の生命・財産の安全を確保し,豊かな社会生活・環境を守らなければならない.

　例えば豪雨は,道路の浸水,交通機関の不通,住宅の床上・床下浸水にとどまらず,幾度も堤防の決壊や河川の氾濫を引き起こす原因となっている.土構造物の堤防が決壊するとその災害地域は一挙に広がりをみせる.さらに河川だけではなく,集中豪雨は地盤・土をゆるめ斜面を崩し,土砂崩れ,土石流,崖崩れを引き起こしている.

　地盤にかかわる災害は豪雨によらずとも,地震による地盤の**液状化**,トンネル掘削時の地盤のゆるみによる周辺地盤の大きな陥没および建築物が傾く被害,埋

(a) 福岡県西方沖地震の崖崩れ現場（志賀島，地盤工学会九州支部提供）

(b) 福岡県西方沖地震の液状化被害（佐藤研一撮影）

(c) 土石流（鹿児島県出水市，地盤工学会九州支部提供）

図 2.1　地盤災害

立地での地盤沈下，火山噴火などがある．

2.2　地盤調査の必要性と分類

構造物や擁壁・土留め・杭基礎などの建設にあたり，施工段階および完成後も含めて地盤を安全に支え得るかを設計の段階から検討する必要がある．そのため，地盤，土質を調べ地盤構成，地盤情報，土質定数，土の物理的性質などを正確に知ることが求められる．地盤や土質を調べることを**地盤調査，土質試験**と呼び，調査の

表 2.1　試験の分類と目的

	目　的
原位置試験	地盤調査対象地点で直接地盤の性質を調べる
土質試験	地盤調査対象地点から採取された土試料を室内へ運び調べる

中で行われる試験には表2.1のように**原位置試験**と**土質試験**がある．通常，建設計画の段階で調査が行われ，土質断面図を作成することで，地形形態を含めた地層の堆積状態を地盤情報として把握しておく．未固結状態のものや固結した岩石など，調査対象が違えば，調査方法も異なってくる．

　地盤調査は調査の場所，手段，方法で分類される．原位置地盤にボーリング，サウンディング，サンプリングを行い，土を観察する方法は直接法である．地盤に人為的に孔を削孔するボーリング調査では地層の厚さ，固さ，色，土質の種類，地層の構成，支持層の評価，地下水流の存在などを確認でき，**土質断面図**の作成に反映される．

　一方，地形測量や航空写真から地形を判断する方法や，弾性波などを使い物理地下探査法などで地質構成を推察する方法は間接法といえる．

2.3　サンプリング

　サンプリングは地盤中の土を採取することである．土を観察し土質試験を行い，土の物理的性質，土の化学的性質，土の力学的性質を把握するために行われる（表2.2）．採取したものを試料というが，試料の状態によって，「**乱さない試料**」と「**乱した試料**」に区別されている（表2.3）．「乱さない試料」は，地盤中での土構造がそのまま室内でも壊されずに保たれているので，構造物を安全に支える地盤の評価に必要な力学定数や透水特性を求めることができる．一方，土構造が保たれていなくとも測定値に影響を与えない，含水比，粒度特性，液性限界・塑性限界などのコンシステンシー限界，締固め特性などには，「乱した試料」で十分に適用できる．

　一般的には固定式ピストン式シンウォールサンプラー，ロータリー式二重管サ

表2.2　土質試験の内容

	目　　的
土の物理的性質を求める試験	土の状態を表す諸量を求め，土の分類特性などを調べる
土の化学的性質を求める試験	酸性の程度や有機物の量などを調べる
土の力学的性質を求める試験	土のせん断強さ，透水性，圧縮性などを調べる

表2.3　土質試験で使用される試料の状態

試料の状態	定　　義
乱さない試料・不攪乱試料	地層内の土の状態や構造をそのまま保っている土試料
乱した試料・攪乱試料	地層内の土の状態や構造が乱れ崩れている土試料

図 2.2 ブロックサンプリング（岐阜大学八嶋研究室提供）

ンプラー，ロータリー式スリーブ内蔵二重管サンプラーなどの**サンプラー**が採取した試料は品質も良く，その方法や手順もよく知られている．サンプラーを使わずに地表面近くの試料をスコップを使って人的にブロック状に削りとる方法を**ブロックサンプリング**という．ブロックサンプリングには切り出し式（図 2.2）と押し出し式の2つの方法がある．乱した試料のサンプリングには，地表から浅いところではスコップやハンドオーガーを使用し，深いところでは標準貫入試験を行う際に一緒に採取する．

2.4 サウンディングとその種類

サウンディングとは本来，海洋の水深を測深する，あるいは大気中における気象観測といった意味がある．土質工学においては地層の性状や地層構造を直接かつ連続的に調査することである．サウンディングの試験方法は**標準貫入試験，コーン貫入試験，スウェーデン式サウンディング試験**，原位置ベーンせん断試験，孔内水平載荷試験などがある．いずれもそれぞれの試験で使用する抵抗体を地層の中に差し込む（挿入），地層に入り込む（貫入），地層の中で回す（回転）といったいずれかの運動を与え，地層と抵抗体との抵抗を測定値として求め，地層の

表 2.4 サウンディングの歴史

1913 年	スウェーデンでスウェーデン式サウンディングが実施
1927 年	アメリカのボストンで標準貫入試験が始められた
1928 年	スウェーデンのストックホルムで橋梁基礎地盤調査に原位置ベーンせん断試験が使用
1929 年	アメリカのニューヨークでジェットコーンを使用した標準貫入試験実施
1932 年	静的コーン貫入試験がオランダで採用．後にオランダ式二重管貫入試験機（ダッチコーン）を開発．コーンと地盤との間の摩擦を軽減

性状や構成を調査する原位置試験である．サウンディングは20世紀に入ってから各国で使われるようになってきた．その歴史を表2.4にまとめる．

2.4.1 標準貫入試験

標準貫入試験とは原位置における土の硬さ，やわらかさ，締まり具合を判定する打撃回数 N 値を求める試験で，わが国で最も普及してきたサウンディング試験といえる．標準貫入試験を行うには，直径 6.5～15 cm の試験孔を掘削することが必要である．その後 75 cm の高さから 63.5 kg のハンマーを自由落下させ，ロッドの先に取り付けたサンプラーを 30 cm 貫入させるのに必要な打撃回数 N 値を求める．ハンマーによる打撃回数を求めることで，土の硬さ・やわらかさを調べることができる．表2.5に N 値と土の硬さ・やわらかさの目安を示す．ハンマーを地層に自由落下させながら貫入するので動的な貫入試験となり，同時に

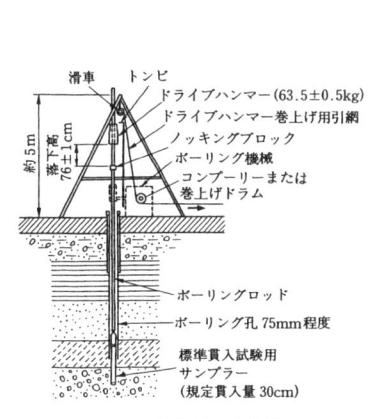

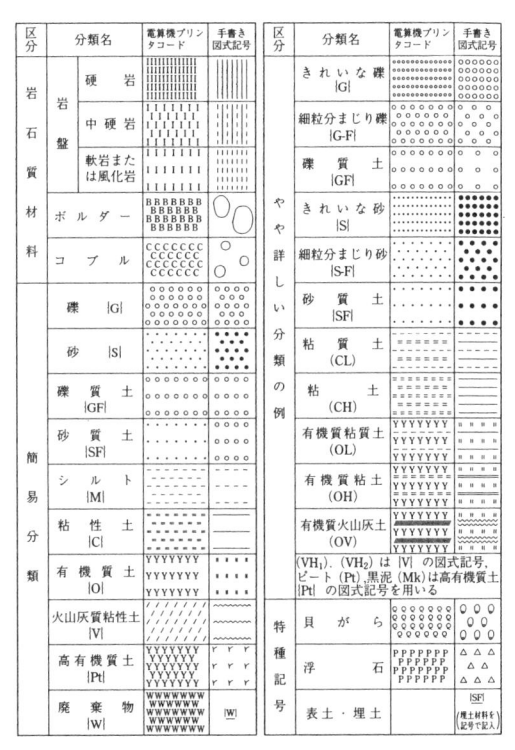

図 2.3　標準貫入試験機[1]　　　　図 2.4　土質柱状図で用いられる図式記号[2]

表 2.5　N 値と土の硬さ・やわらかさ

	非常にやわらかい	やわらかい	中位の	硬い	非常に硬い	固結した
N 値	2 以下	2〜4	4〜8	8〜15	15〜30	30 以上

試料採取が可能ではあるが，その試料は乱した試料となる．1961 年に JIS A 1219 として規格制定されたが，すでに 1948 年にテルツァギー（Terzaghi, K.）とペック（Peck, R. B.）は砂の相対密度，内部摩擦角と N 値の関係を発表している（Terzaghi and Peck, 1948）．

標準貫入試験の後，**土質柱状図**と合わせて作成される打撃回数-累計貫入量図は大切な地盤情報となる．また土質柱状図の中には地層の観察記事も忘れずに記載するとよい（図 2.4）．さらにわが国では地層の N 値と地盤の設計定数（内部摩擦角，粘着力，支持力係数，一軸圧縮強さなど）が算出できる相関式が整えられ，設計手法，基準，指針がまとめられている．特にわが国は地震国であるため，この N 値を使った砂地盤の評価・液状化対策も進められている．

2.4.2　コーン貫入試験

コーン貫入試験は，先端部分がコーンの形状をした剛体を静的な力で地盤中に貫入する試験である．コーンの先端に働く先端抵抗から地層の硬軟の具合を調べ，コーン貫入抵抗値として評価する．測定結果は，地層や土の判別・分類，さ

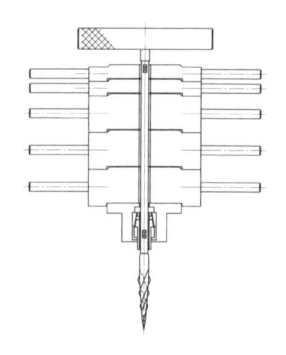

図 2.5　コーン貫入試験機　　図 2.6　スウェーデン式サウンディング試験機

らには地層の断面図作成に利用される．また宅地および造成地の支持地盤評価にも積極的に利用されるようになっている．コーン貫入試験は用途によってポータブルコーン貫入試験，オランダ二重管コーン貫入試験，電気式静的コーン貫入試験に区別されている．

ポータブルコーン貫入試験は先端角 30 度，底面積 $6.45\,cm^2$ の先端コーンを粘性土や腐食土などの未固結状態のやわらかく，硬くない土層に静的に貫入する試験である．ロッドと地盤との周面摩擦を極力少なくするため，構造を単管形式から二重管形式にしているのがオランダ二重管コーン貫入試験である．機械的にコーンを地盤中に連続的に貫入するので，ポータブルコーン貫入試験が対象とする地盤よりも締まった地層の抵抗値を求めることができる．しかし，硬い砂層，砂礫層，玉石層ややわらかい地層の場合には正確な測定が難しいといわれる．

2.4.3 スウェーデン式サウンディング試験

スウェーデン式サウンディング試験は，土の静的貫入抵抗を連続で測定するために貫入と回転貫入を併用した試験機である．スウェーデン式サウンディング試験機は，スクリューポイント，ロッドのほかにスクリューポイントに載荷・回転・引き抜きの機械的動作を制御する装置で構成されており，土の硬軟や地盤の締まり具合，土層の構成を把握することができる．

演 習 問 題

2.1 地盤調査の種類をあげ，それらの目的を述べよ．
2.2 土質試験はその内容から 3 つに分けられる．それら 3 つを述べよ．
2.3 土質試験で使用される試料の状態について述べよ．
2.4 標準貫入試験を行い測定された値と値から得られるものは何か．

参考文献
1) 土木学会土質試験の手引き編集小委員会編：土質試験のてびき（改訂版），土木学会，2003．
2) 地盤工学会地盤工学ハンドブック編集委員会編：地盤工学ハンドブック資料編，地盤工学会，1999．
3) 稲田倍穂：スウェーデン式サウンディング試験の使用について．土と基礎，8 (1)，13-18，1960．
4) 大野春雄監修，姫野賢治・西澤辰男・関　延子：土なぜなぜおもしろ読本，山海堂，2000．
5) 知っておきたい地盤の被害編集委員会編：知っておきたい地盤の被害—現象・メカニズムと

対策—(入門シリーズ 28)，地盤工学会，2003．
6) 「土と基礎」講座委員会編：基礎設計における基準の背景と用い方，地盤工学会，1999．
7) 土質調査法改訂編集委員会編：地盤調査法，地盤工学会，1995．
8) 防災広報研究会：防災なぜなぜおもしろ読本，山海堂，1999．
9) Terzaghi, K. and Peck, R. B.：Soil Mechanics in Engineering Practice, John Wiley & Sons, 1948.

3 土の基本的性質

土は，岩石が物理的風化作用，化学的風化作用，侵食，運搬作用を受けて生成されたもので，地殻の表面を覆っている粒状体の集まりである．土は堆積している地層の地質年代によって，その性質が異なる．そのため，地盤上に構造物を建設する際には，土の強度，圧縮性，透水性を工事前に把握しておく必要がある．土粒子の大きさの分布，土の密度，土中に含まれる間隙水の割合などの土の基本的性質を調査することが求められ，それらの諸量から土を分類する．土を分類することで構造物を安全に支えるだけの支持力がある地盤なのか，工学的に良好であるか否かを判断することが可能である．土の基本諸量の把握と分類さらに地盤情報の取得は設計段階において極めて大切である．

3.1 土の粒度と粒度試験

土粒子は岩石が分解されてできた粒であるので，形状は角ばっているものや丸みをおびているものなど複雑である．と同時に，粗いものから細かいものまで広範囲である．土粒子の粒径区分を図 3.1 に示す．**細粒分，粗粒分，石分**の 3 つの分類と，**粘土**からはじまり**巨石**までの 10 の地盤材料に区分されている．粒径区分は，土が生成・堆積した過程や粒の形状ならびに，鉱物質とは無関係に土粒子の大きさのみによって分類されているのが特徴である．

土粒子は肉眼では判別することができない極めて微細な絡みあった配列で構成されている．この土粒子同士の結びつきを乱し，土の粒径の分布を調べる土質試

					粒径(mm)				
	0.005	0.075	0.25	0.85	2	4.75	19	75	300
粘土	シルト	細砂	中砂	粗砂	細礫	中礫	粗石	粗石	巨石
		砂			礫			石	
細粒分		粗粒分					石分		

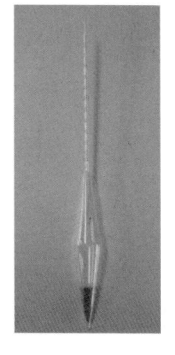

図 3.1 粒径区分

図 3.2 浮ひょう

験が**粒度試験**である．粒度試験には2種類の分析方法がある．75 μm（0.075 mm）以上のふるいに残留した試料に適用する**ふるい分析**と，75 μm ふるいを通過した土粒子に対して適用する**沈降分析**である．ふるい分析とは，土を 75 mm，53 mm，37.5 mm，26.5 mm，19 mm，9.5 mm および 4.75 mm の試験用網ふるいでふるい分けして通過百分率を求める方法である．沈降分析とは，浮ひょう（図 3.2）を使った懸濁液の密度測定による分析方法である．土粒子を水中で攪拌した後，沈降していく様子と**ストークス**（Stokes）**の法則**と密度浮ひょう理論から粒径の分布を求める．沈降分析で用いられる粒子の直径を算出する式を式（3.1）に示す．実際の粘土粒子の形状が針状あるいは薄片状であったとしても，沈降分析から得られた粒径の大きさは水中での沈降速度を同じとする球の直径と仮定する．

$$d = \sqrt{\frac{30\eta}{g_n(\rho_s - \rho_w)} \cdot \frac{L}{t}} \tag{3.1}$$

ここに，d：粒子の直径，η：水の粘性係数（$P_a \cdot s$），g_n：標準の重力加速度（980 cm/s²），ρ_s：土粒子の密度（g/cm³），ρ_w：水の密度（g/cm³），L：浮ひょうの球部中心の有効深さ（mm），t：経過時間（min）である．

3.2 粒径加積曲線

粒度試験を行い，ふるいの大きさや沈降分析から求められた粒径を横軸（対数目盛り）にとり，それぞれの粒径に対する通過質量百分率（個々の粒径より細かいものの質量百分率）をプロットしたものを**粒径加積曲線**という（図 3.3）．この曲線は土中に含まれる様々な土粒子粒径の分布を表現している．

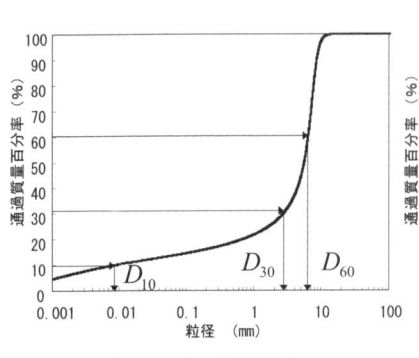

図 3.3 粒径加積曲線

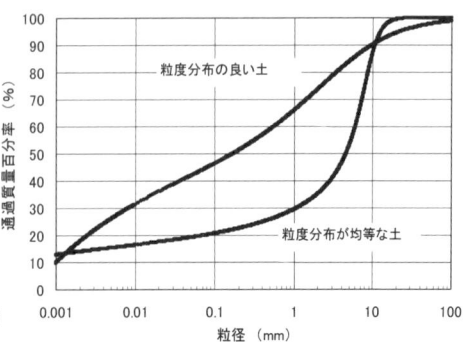

図 3.4 粒度分布の良い土，粒度分布が均等な土

粒径加積曲線の形状は土質によって異なる．曲線の勾配が急な土を「均等な粒度分布をもつ土」といい，勾配がゆるやかな土を「粒度分布の良い土」という（図3.4）．

粒径加積曲線の形状から土の粒度分布を判断するほかに，**均等係数**と**曲率係数**の指標を計算してその粒度分布の特徴を判別する方法もある．均等係数と曲率係数を求める際には，粒度試験から得られた粒径加積曲線より通過質量百分率が10％，30％，60％に相当する粒径をそれぞれ D_{10}，D_{30}，D_{60} として計算する．均等係数 U_c は

$$U_c = \frac{D_{60}}{D_{10}} \tag{3.2}$$

で定義され，粒径加積曲線の傾きを意味する．均等係数 U_c が大きくなるほど粒度分布が広いこと示す．$U_c \geqq 10$ は「粒度幅の広い」，$U_c < 10$ は「分級された」と呼ばれる．一方，曲率係数 U_c' は

$$U_c' = \frac{(D_{30})^2}{D_{10} \times D_{60}} \tag{3.3}$$

で定義され，粒径加積曲線の凹凸やなだらかさを示す指数である．曲率係数 U_c' が1～3の場合に「粒径幅の広い」というように工学的には分類される．

3.3　土の基本的諸量

構造物建設に先立ち，地盤調査実施と地盤情報の把握が必要である．地盤調査は構造物の重要度に応じて，簡易な手法や大規模な調査が選択される．簡易な手法でありかつ基本的な地盤調査の1つに，試料サンプリングから試料の密度，含水比および土粒子の密度を求め，これらの状態量から乾燥密度，間隙比，飽和度などの土の基本的諸量を求めるものがある．

土の基本的な諸量を定義するにあたっては，土を便宜上，土粒子，水，空気の3相に区別し，それぞれの相に対応して図3.5と図3.6のように質量，重量，体積を示す記号を与える．ここで，小文字記号の"a"，"v"，"w"はそれぞれ空気（air），間隙（void），水（water）の頭文字を表す．間隙空気には質量はないものとしているので，間隙水の質量と間隙の質量は同じである．質量の単位はt，kg，g，重量の単位はkN，Nを使う．

岩石が分解され，細片化した鉱物質の土粒子の単位体積あたりの質量は，水の密度の大きさ $1\,\mathrm{g/cm^3} = 1\,\mathrm{t/m^3}$ よりも大きな値である．**土粒子の密度** ρ_s は式

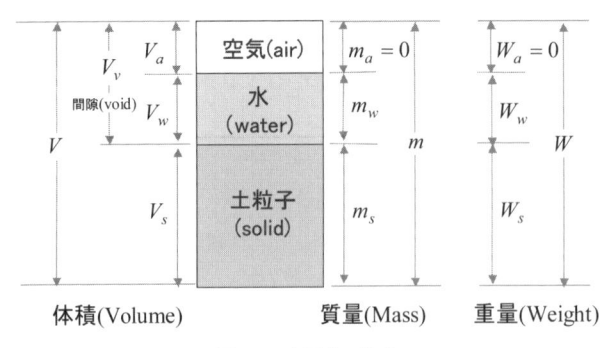

図 3.5 土要素の構成

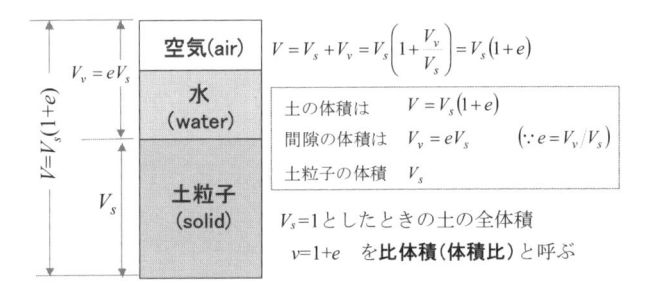

図 3.6 V_s を基準とした土要素の構成と比体積（体積比）

(3.4) に定義される．

$$\rho_s = \frac{m_s}{V_s} \quad (\text{g/cm}^3 \text{ あるいは t/m}^3) \tag{3.4}$$

ここに，m_w：間隙水の質量（g または t），V_s：土粒子の体積（cm³ または m³）である．

降雨が続くと土は水を多く含み，その反対に大気中への蒸発が活発になると水分量が少なくなる．含んでいる水分量の割合を土の含水比 w とすると，式 (3.5) のように定義する．自然に堆積している地層の中には含水比 w が 100% をはるかに越える場合もある．

$$w = \frac{m_w}{m_s} \times 100 \quad (\%) \tag{3.5}$$

ここに，m_w：間隙水の質量（g または t），m_s：土粒子の質量（g または t）である．

土質力学が取り扱う土の密度は，**湿潤密度**と**乾燥密度**に区別される．湿潤密度

ρ_t は土全体の体積に対する湿潤土の質量として式（3.6）で求められる．湿潤密度の単位は g/cm³ あるいは t/m³ である．また湿潤土とは土中に水分を含んでいる状態の土をいう．

$$\rho_t = \frac{m}{V} \quad (\text{g/cm}^3 \text{ あるいは } \text{t/m}^3) \tag{3.6}$$

ここに，m：土の全質量（g または t），V：土の全体積（cm³ または m³）である．

SI 単位系の単位体積重量は密度に標準の重力加速度 $g_n \fallingdotseq 9.81$ を乗じたものになる．よって**湿潤単位体積重量**は式（3.7）で求められる．

$$\gamma_t = g_n \cdot \rho_t = 9.81(\text{m/s}^2) \cdot \rho_t (\text{t/m}^3) = 9.81 \rho_t \quad (\text{kN/m}^3)$$
$$(\because 1\,\text{kg} \times g_n = 9.81\,\text{N}) \tag{3.7}$$

乾燥密度 ρ_d は，式（3.8）のように土全体の体積に対する乾燥土の質量を表し，単位は g/cm³ あるいは t/m³ である．乾燥密度は土の締まり具合や硬さの指数となり，土質材料の締固め品質管理に用いられる．**乾燥単位体積重量** γ_d は式（3.9）で求められる．

$$\rho_d = \frac{m_s}{V} \quad (\text{g/cm}^3 \text{ あるいは } \text{t/m}^3) \tag{3.8}$$

$$\gamma_d = g_n \cdot \rho_d = 9.81(\text{m/s}^2) \cdot \rho_d (\text{t/m}^3) = 9.81 \rho_d \quad (\text{kN/m}^3) \tag{3.9}$$

含水比，湿潤密度，乾燥密度の間には式（3.10）の関係がある．

$$\rho_d = \frac{m_s}{V} = \frac{m}{V} \frac{m_s}{m} = \frac{m/V}{m/m_s} = \frac{m/V}{(m_s+m_w)/m_s}$$
$$= \frac{m/V}{1+m_w/m_s} = \frac{\rho_t}{1+w/100} \quad (\text{g/cm}^3 \text{ あるいは } \text{t/m}^3) \tag{3.10}$$

粘性地盤の圧密沈下は式（3.11）のように間隙の体積 V_v と土粒子の体積 V_s の比で定義される**間隙比** e の変化で検討される．間隙比の分母は土粒子の体積であるのに対して，式（3.12）定義する**間隙率** n の分母は土全体の体積である．間隙率は間隙比と異なり百分率で表現する．

$$e = \frac{V_v}{V_s} \tag{3.11}$$

$$n = \frac{V_v}{V} \times 100 \quad (\%) \tag{3.12}$$

間隙比 e が定義されると図 3.6 のように土粒子体積 V_s を基準として土要素の構成を表すことができ，さらに間隙比 e と間隙率 n との間には式（3.13），式

(3.14) の関係を得ることができる．

$$\frac{n}{100} = \frac{V_v}{V} = \frac{eV_s}{V_s(1+e)} = \frac{e}{1+e} \tag{3.13}$$

$$e = \frac{V_v}{V_s} = \frac{V_v}{V - V_v} = \frac{V_v/V}{1 - V_v/V} = \frac{n}{100 - n} \tag{3.14}$$

G_s は**土粒子の比重**であり，式 (3.15) で定義される．土粒子の比重は土粒子の密度と水の密度の密度比である．温度によって水の密度は変化するので，土粒子の比重も温度によって変化する．

$$G_s = \frac{\rho_s}{\rho_w} = \frac{m_s}{\rho_w \cdot V_s} \tag{3.15}$$

ここで，ρ_s：土粒子の密度 (g/cm³)，ρ_w：水の密度 (g/cm³) である．

また図 3.5 の関係を使うと乾燥密度 ρ_d，間隙比 e，土粒子の密度 ρ_s，比重 G_s の間の関係式 (3.16) を得ることができる．

$$\rho_d = \frac{m_s}{V} = \frac{m_s}{V_s(1+e)} = \frac{\rho_s}{1+e} = \frac{G_s}{1+e}\rho_w \quad (\text{g/cm}^3 \text{ あるいは t/m}^3) \tag{3.16}$$

式 (3.17) で定義される**飽和度** S_r は，間隙内が水でどの程度満たされているかどうかを表すものである．飽和度が100%の土を飽和土といい，間隙は水のみである．飽和度が100%よりも小さい土を不飽和土という．

$$S_r = \frac{V_w}{V_v} \times 100 \quad (\%) \tag{3.17}$$

飽和度 S_r，含水比 w，間隙比 e との間には式 (3.18) のような関係がある．

$$S_r = \frac{V_w}{V_v} \times 100 = \frac{V_w/V_s}{V_v/V_s} \times 100 = \frac{(m_w/\rho_w)/(m_s/\rho_s)}{e} \times 100 = \frac{w\rho_s}{e\rho_w} = \frac{wG_s}{e} \quad (\%) \tag{3.18}$$

湿潤単位体積重量 γ_t は間隙比，飽和度，土粒子の比重を使って表すことができる．式 (3.10) を単位体積重量で表した湿潤単位体積重量 $\gamma_t = (1 + w/100)\gamma_d$ に式 (3.18) による含水比 $w = eS_r/G_s$ を代入する．さらに式 (3.16) を単位体積重量で表した単位体積重量 $\gamma_d = G_s\gamma_w/(1+e)$ に式 (3.18) を代入すると式 (3.19) の関係が得られる．

$$\begin{aligned}\gamma_t &= \left(1 + \frac{w}{100}\right)\gamma_d = \left(1 + \frac{eS_r/G_s}{100}\right)\gamma_d = \frac{100 + eS_r/G_s}{100} \times \frac{G_s}{1+e}\gamma_w \\ &= \frac{G_s + eS_r/100}{1+e}\gamma_w \quad (\text{kN/m}^3)\end{aligned} \tag{3.19}$$

ここで，土が飽和していると，$S_r=100(\%)$ なので，飽和単位体積重量 γ_{sat} は

$$\gamma_{sat}=\frac{G_s+e}{1+e}\gamma_w \quad (\text{kN/m}^3) \tag{3.20}$$

水面下の土粒子はその土粒子の体積 V_s に等しい水の重量 W_w（$=V_s\cdot\gamma_w$）と同じ大きさの浮力を受けて $[W_s-V_s\cdot\gamma_w]$ だけ軽くなる．このときの単位体積重量は**水中単位体積重量** γ_{sub}（$=\gamma'$）と呼ばれる．飽和であることから $V_v=V_w$ に着目し，単位体積あたりで考えると，水中単位体積重量は式（3.21）のように得られる．

$$\gamma_{sub}=\frac{W_s}{V}-\frac{V_s\gamma_w}{V}=\frac{W_s-V_s\gamma_w+W_w-W_w}{V}=\frac{(W_s+W_w)-(V_s\gamma_w+V_w\gamma_w)}{V}$$

$$=\frac{W}{V}-\frac{V}{V}\gamma_w=\gamma_{sat}-\gamma_w=\frac{G_s+e}{1+e}\gamma_w-\gamma_w=\frac{G_s-1}{1+e}\gamma_w \quad (\text{kN/m}^3) \tag{3.21}$$

すなわち，水中単位体積重量 γ_{sub} は，飽和単位体積重量から水の単位体積重量を差し引いたものに等しくなる．

砂地盤は密度や間隙比によってその力学的性質が影響を受けると同時に，砂が最もゆるい状態と最も密な状態から相対的にみて，どの程度締まっているかもあわせて重要になる．式（3.22）で定義される**相対密度** D_r はサンプリングした砂の間隙比を相対的に表す諸量である．よって，最もよく締まっているときが $D_r=1$，最もゆるい状態では $D_r=0$ となる．相対密度を百分率で表記することもある．

$$D_r=\frac{e_{max}-e}{e_{max}-e_{min}} \tag{3.22}$$

ここで e_{max}：最もゆるい状態での砂の間隙比，e_{min}：最も密な状態での砂の間隙比，e：サンプリングした砂の間隙比である．

3.4 土のコンシステンシー限界

細粒土は砂や礫とは異なり，水を保持する能力がある．その能力は粘着成分に関連があるとされている．細粒土は土中に含む間隙水の量によってその状態（外観，強度，圧縮性）が変わる．含水比の大きさによって細粒土の工学的性質が変化する性質を**土のコンシステンシー**と呼び，土を判別するために使われる．図 3.7 は土の含水比の増加に伴い土の体積が増える様子を**固体，半固体，塑性体，液体**の順に示している．土が固体から半固体，塑性体，液体へと移り変わる過程での境界に相当する含水比をそれぞれ**収縮限界，塑性限界，液性限界**という．これらの3つの限界を総称して**コンシステンシー限界**という．また**アッタベルグ限**

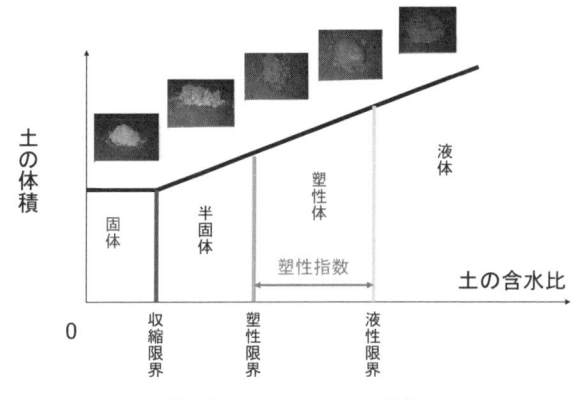

図 3.7 コンシステンシー限界

界とも呼ぶ．収縮限界，塑性限界，液性限界はそれぞれ，**収縮限界試験，塑性限界試験，液性限界試験**から求められる．

　液性限界試験では黄銅皿，カム，硬質ゴム台で構成されている図 3.8 のような液性限界測定器を使い，土の液性限界を求める．425 μm（0.425 mm）のふるいを通過した細粒土をよく練り合わせて黄銅皿に入れ，試料に溝を形づけ，カムの回転による落下・衝撃を与え，長さ 1.5 cm にわたり試料が接する状態（図 3.9）になったときの試料の含水比と落下回数を測定・記録する．その関係を，縦軸に含水比，横軸（対数軸）に落下回数をプロットし，直線で結んだものが図 3.10 の**流動曲線**である．流動曲線上で落下回数 25 回のときに求められる含水比が液性限界である．25 回の落下で $2.5\,\mathrm{kN/m^2}$ に相当する応力が土に加えられていると考えられている．流動曲線の勾配である**流動指数** I_f は，流動曲線上の 2 点の落下回数と含水比から計算する．

$$I_f = \frac{w_1 - w_2}{\log N_2 - \log N_1} \tag{3.23}$$

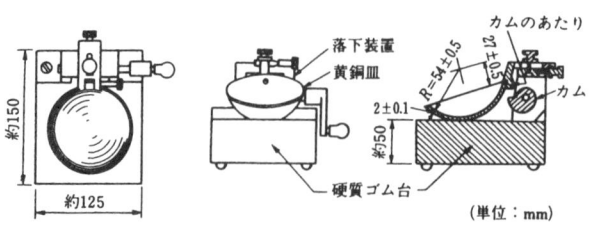

図 3.8 液性限界測定器[1]

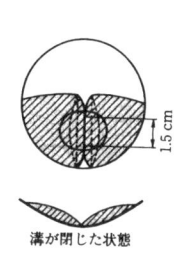

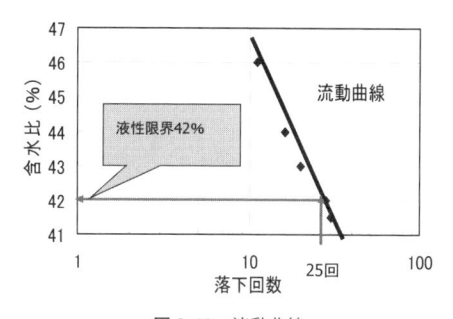

図 3.9　黄銅皿上の試料[1]　　　　図 3.10　流動曲線

ここに，I_f：流動指数，w_1, w_2：含水比（％），N_1, N_2：含水比の大きさが w_1, w_2 における落下回数である．

　塑性限界試験は 425 μm ふるいを通過した細粒土をすりガラスの板の上で十分に練り返しながら行う試験である（図 3.11）．細粒土を幾度とすりガラス上で転がすと土中水が少なくなり，やがて直径 3 mm のひも状になると同時に切れ切れになる．そのときの含水比を測定する．求められた含水比が塑性限界である．

　液性限界試験と塑性限界試験から液性限界と塑性限界が求められれば，図 3.7 で示されているように，両者の差が**塑性指数** I_p であり，式（3.24）に塑性指数を定義する．

$$I_p = w_l - w_p \tag{3.24}$$

ここで，I_p：塑性指数，w_l：液性限界，w_p：塑性限界である．

　塑性指数は土が塑性体を保っているときの含水比の幅を示すので，粘着力をもち保水性にすぐれている粘土は塑性指数が大きい．一方，砂になると塑性指数を求めることは容易ではない．砂は非塑性といい，NP で表記する．

　塑性限界のほかに，液性限界，塑性限界から求められる指標には，細粒土のやわらかさや硬さの程度を表す**コンシステンシー指数**，与えられた含水比における

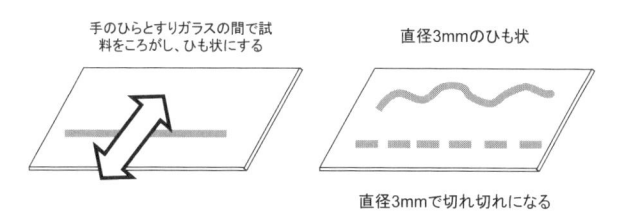

図 3.11　塑性限界試験

相対的な硬軟を示す**液性指数**などがある．

3.5 土 の 分 類

　地盤工学では地盤を地盤材料と基礎地盤の2つの視点から捉える．地盤材料は盛土や造成地を建造するための土質材料，基礎地盤は構造物を安全に支える役割を果たす地盤である．建設工事にあたっては，地盤材料や基礎地盤として適しているかを判断しなければならない．土を簡便な手法で分類し分類名を定め，工学的性質の共通性や類似性を見つけ，地盤情報として役立たせる．

　分類は**地盤材料の工学的分類方法**（JGS 0051 2000）（地盤工学会）に従って行われ，適切に試験が実施されれば，どの技術者が土を判別しても同じ土質名を得ることができる．まず，岩石質材料と土質材料に大別し，土質材料は粗粒土と細粒土とに大別する．粗粒土と細粒土ともに大分類，中分類，小分類に体系づけられる．表3.1には，細粒土の大分類，中分類，小分類が示されている．粗粒土の部類方法には粒径加積曲線や粒度組成が使われ，シルトや粘土のような細粒土の場合には液性限界と**塑性図**（図3.12）を使って分類する．

　粒度組成を使った分類では**三角座標**（図3.13）が使われる．礫分，砂分，細粒分の含有割合から三角座標内に記載された分類記号を求め，土質材料の分類名を把握する．分類記号は地盤材料区分，主記号，副記号，補助記号に区別され，

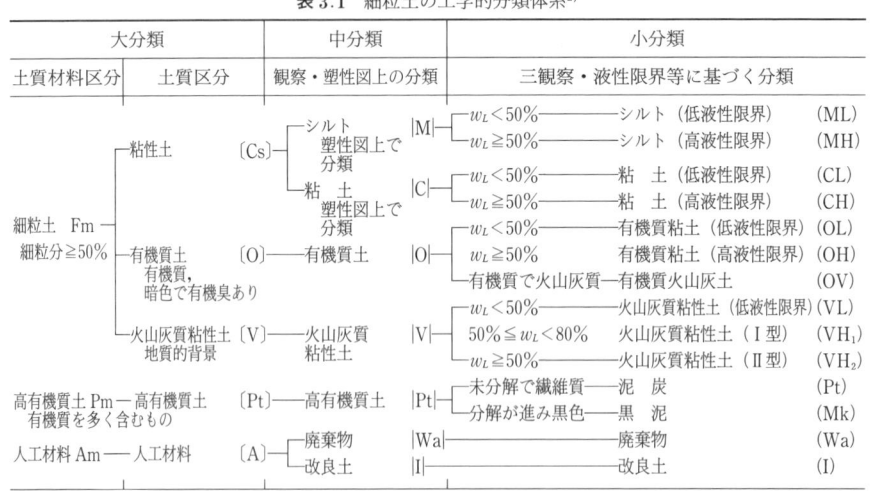

表3.1　細粒土の工学的分類体系[2]

大分類		中分類		小分類	
土質材料区分	土質区分	観察・塑性図上の分類		三観察・液性限界等に基づく分類	
細粒土 Fm 細粒分≥50%	粘性土　〔Cs〕	シルト 塑性図上で分類	|M|	$w_L<50\%$　シルト（低液性限界） $w_L≥50\%$　シルト（高液性限界）	(ML) (MH)
		粘　土 塑性図上で分類	|C|	$w_L<50\%$　粘　土（低液性限界） $w_L≥50\%$　粘　土（高液性限界）	(CL) (CH)
	有機質土　〔O〕 有機質, 暗色で有機臭あり	有機質土	|O|	$w_L<50\%$　有機質粘土（低液性限界） $w_L≥50\%$　有機質粘土（高液性限界） 有機質で火山灰質―有機質火山灰土	(OL) (OH) (OV)
	火山灰質粘性土　〔V〕 地質的背景	火山灰質 粘性土	|V|	$w_L<50\%$　火山灰質粘性土（低液性限界） $50\%≤w_L<80\%$　火山灰質粘性土（Ⅰ型） $w_L≥50\%$　火山灰質粘性土（Ⅱ型）	(VL) (VH$_1$) (VH$_2$)
高有機質土 Pm 有機質を多く含むもの	高有機質土　〔Pt〕	高有機質土	|Pt|	未分解で繊維質―泥　炭 分解が進み黒色―黒　泥	(Pt) (Mk)
人工材料 Am	人工材料　〔A〕	廃棄物 改良土	|Wa| |I|	廃棄物 改良土	(Wa) (I)

地盤工学会基準（JGS 0051-2000）．

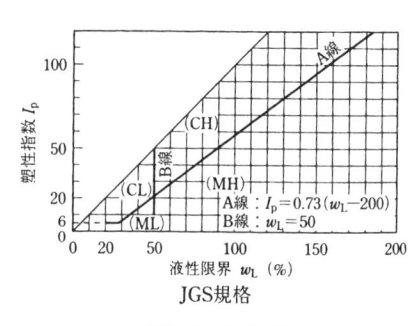

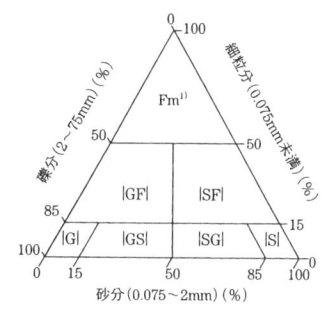

図 3.12 塑性図[2]　　　図 3.13 三角座標[2]

英数字と記号が使われている．塑性図は A 線（$I_p=0.73(w_L-20)$）と B 線（$w_L=50$）が区分線として記され，A 線よりも上にプロットされる土は粘土，下にプロットされる土はシルトである．さらに環境的課題への取り組みが地盤工学に求められるようになり，人工材料の中分類・小分類の中に廃棄物が加味され，一般廃棄物，産業廃棄物も Wa として表示されている．

海外の分類方法基準は日本基準と必ずしも一致しているわけではない．アメリカではアメリカ統一土質分類法が ASTM（American Society of Testing Materials, D 2487 1993）に規格基準化されている．また同じくアメリカには道路建設を目的とした地盤材料の分類法である AASHTO（American Association of State Highway and Transportation Officials）の分類法がある．この AASHTO の分類法は ASTM に基準化されていて，粗粒土，シルト，粘土質土のふるい分析の結果および塑性図ならびに群指数を使って，道路路床土としての良否判別を数値化する．

演 習 問 題

3.1　細粒分，粗粒分，石分のそれぞれの境界となる粒径を示せ．
3.2　D_{10}, D_{30}, D_{60} とは何を表しているか．
3.3　均等係数と曲率係数の違いについて説明せよ．
3.4　土のコンシステンシー限界を 3 つあげよ．
3.5　塑性図はどのような土を分類するときに使われるものか．
3.6　液性限界試験を実施し落下回数と含水比をまとめた．（ⅰ）結果より流動曲線を描

き，液性限界を求めよ．(ii) また流動指数を求めよ．(iii) また同じ試料で塑性限界試験を行ったところ，12.4%であった．この試料の塑性指数を計算せよ．

落下回数	13	15	30	38
含水比 (%)	31.3	30.7	27.4	26.3

3.7 体積が 1000 cm³ のモールド中の湿潤土が 1870 g であり，含水比が 13% であった．また土粒子の密度が 2.50 g/cm³ であった．そこで (i) 土の湿潤密度，乾燥密度，間隙比，飽和度を求めよ．(ii) またこの土を飽和度100%にするには含水比をいくらにすればよいか．

3.8 ある土取り場の地山の土は湿潤密度 1.85 t/m³，含水比 12.2% であり，土粒子の密度は 2.72 g/cm³ である．この土を 250000 m³ 掘削してそのままの大きさの含水比で盛土造成することになった．盛土の乾燥密度を 1.72 t/m³ とすると地山の間隙比と盛土の体積を求めよ．

参考文献
1) 土木学会地盤工学委員会土質試験の手引き編集小委員会編：土質試験のてびき（改訂版），土木学会，2003．
2) 小林康昭・小寺秀則・岡本正弘・西村友良：実用地盤・環境用語辞典，山海堂，2004．
3) 石原研而：土質力学（第2版），丸善，2001．
4) 河上房義：土質力学（第7版），森北出版，2001．
5) 地盤工学会「土質試験の方法と解説」改訂編集委員会編：土質試験の方法と解説（第1回改訂版），地盤工学会，2000．

4 地盤内応力分布

平坦な地盤上に構造物等の荷重が加わると，地盤内（地中）に荷重による応力が伝播する．この応力により地盤には変形が生じ，その応力が土の耐えうる限界を超えると地盤は破壊する．地盤の沈下や安定性を考えるとき，地盤内がどのような応力状態にあり，荷重が加わることでどのような応力が伝達されるかを正確に知る必要がある．このように地盤内で誘発される応力の分布状態がどのようになっているかを知るためには古くからブーシネスクの解が用いられてきた．この解は半無限の広がりをもつ弾性体の力学理論の中でも最も古い古典解である．地盤工学の分野では，圧密沈下の厳密な解析や道路・鉄道盛土の安定性の検討や飛行場の滑走路における舗装体の解析に用いられている．

本章では，地盤の内部に働く応力の考え方として，まず有効応力の概念を説明し，地盤内の応力の計算法を説明する．次に半無限弾性体内の応力についてブーシネスクの応力計算式を中心に説明する．

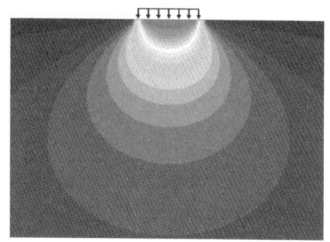

解析による地盤内応力分布の様子

4.1 土に働く力と有効応力

土は，鋼やコンクリートと異なり，**土粒子骨格**と**間隙**によって構成されている．この骨格の様子は図 4.1，図 4.2 に示すように砂と粘土ではまったく異なっている．しかし，実際に荷重が作用したときには土粒子の大きさの違いによる間隙水の移動のしやすさ（透水性）が異なるだけで，基本的には同じ構造体として取り扱われている．

荷重によって土の内部に伝えられる応力には，土が水で飽和されている場合，粒子と粒子の接触点を通して伝えられる**粒子間応力**と，間隙を満たしている水を

図 4.1 砂粒子の電子顕微鏡写真
(豊浦標準砂)

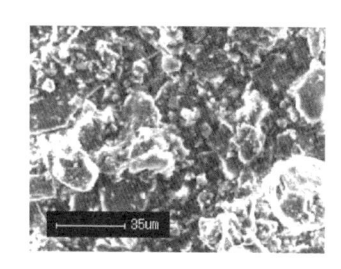

図 4.2 粘土粒子の電子顕微鏡
(博多粘土)

通して伝えられる**間隙水圧**の2つの応力が存在する．粒子間応力は土の変形や強度に直接関係をもつもので**有効応力**と呼ばれ，間隙水圧は**中間応力**とも呼ばれている．

そこで，図4.3に示すように土要素の中のある1つの断面を考え，この断面の力の伝達について考えてみることにする．

この断面の断面積Sの範囲内に存在する個々の粒子に働く力を$N_1, N_2, \cdots$で表す．すると，全体の粒子間力はこれらの和，$N = N_1 + N_2 + \cdots$となる．全体の**粒子間力を断面積**Sで除した応力が有効応力σ'である．

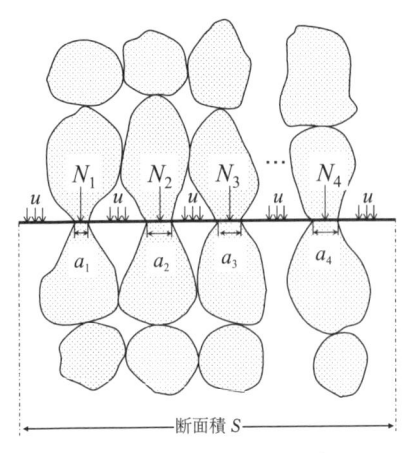

図4.3　有効応力と間隙水圧の説明[1]

次に個々の粒子の接触面積を$a_1, a_2, \cdots$とする．考えている断面積内でのこれらの和aを$a = a_1 + a_2 + \cdots$から求め，また間隙内の水がもつ圧力を水圧uとすると，断面積Sの中の水圧の合計は，$(S-a)u$であるから，単位面積あたりの水圧は，$(1-a/S)u$となる．これが，間隙水圧である．

したがって，この断面に作用している**全体の応力**をσとすると，これは，有効応力と間隙水圧の**和**として式(4.1)で表される．

$$\sigma = \sigma' + (1 - a/S)u \tag{4.1}$$

ここで，σ：全応力である．

さて，式(4.1)は，図4.3に示すように粒子と粒子の間の部分に水圧が作用しないことを示している．しかし，実際はこの部分にも水が入り込むことは容易に起こる．したがって，粒子の接触面積はほぼゼロと見なすことができ，粒子同士は点で接触していると考えてよい．

ということは，$a = a_1 + a_2 + \cdots = 0$となるので，式(4.1)は，式(4.2)に簡単化できる．

$$\sigma = \sigma' + u \quad (\sigma' = \sigma - u) \tag{4.2}$$

式(4.2)が示す関係は，テルツァギーが提案した**有効応力の原理**であり，現在も土質力学体系の中で重要な基本原理として使われている．

ところで，式(4.2)における有効応力σ'は土の変形や強度を支配する重要なパラメータである．しかし，この値を直接求めることは非常に難しい．それに対

4.2 土の自重による応力

4.2.1 成層地盤の場合

湖や海のように水面より下の積み重なった層によって形成された地盤内の応力を求める方法を考える．図 4.4 のように，水深を H，水底面から A 点までの距離を z とすると，この土の要素に作用する全応力，間隙水圧は式 (4.3)，(4.4) から求められる．図 4.4 中の A 点において作用する重さには，地盤よりも上にある水の重さも考えなければならない．ただし，飽和した土の飽和単位体積重量を γ_{sat} とし，水の単位体積重量を γ_w とする．

$$\text{全応力：}\sigma_z = \gamma_w \cdot H + \gamma_{sat} \cdot z \tag{4.3}$$

$$\text{間隙水圧：}u_w = \gamma_w(H+z) \tag{4.4}$$

ここで，式 (4.2) より有効応力は，全応力と間隙水圧の差であるから，式 (4.5) によって得られる．

$$\begin{aligned}\text{有効応力：}\sigma'_z &= \sigma_z - u_w \\ &= \gamma_w \cdot H + \gamma_{sat} \cdot z - \gamma_w(H+z) \\ &= (\gamma_{sat} - \gamma_w)z = \gamma' \cdot z \end{aligned} \tag{4.5}$$

ここで，γ'：土の水中単位体積重量である．

次に図 4.5 のように地下水面が深さ H に位置している地盤内にある深さ z の位置にある A 点に作用する応力について考える．飽和した土の単位体積重量，水の単位体積重量は図 4.4 中のものと同じである．全応力，間隙水圧，有効応力

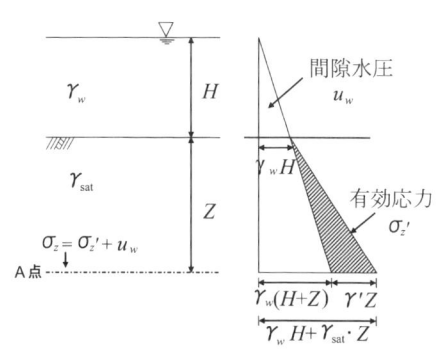

図 4.4 地盤内の応力分布（水面が地盤上にある場合）

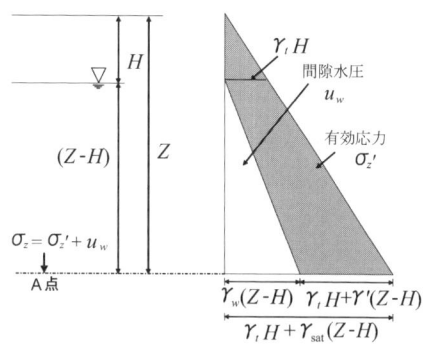

図 4.5 地盤内の応力分布（地下水面が地盤内にある場合）

は式 (4.6)〜(4.8) から求められる．

全応力：$\sigma_z = \gamma_t \cdot H + \gamma_{sat}(z-H)$ (4.6)

間隙水圧：$u_w = \gamma_w(z-H)$ (4.7)

有効応力：$\sigma_z' = \gamma_t \cdot H + \gamma_{sat}(z-H) - \gamma_w(z-H) = \gamma_t \cdot H + \gamma'(z-H)$ (4.8)

水平な地盤内では，全応力と間隙水圧は深さに比例して増加するので有効応力の分布は静水圧的分布である．

4.2.2 互層地盤の場合

図 4.6 のように単位体積重量が異なる地層が互いに層を成している地盤内の応力について考える．層をなしている地盤の点 A の応力は，各層ごとの応力を足し合わせればよい．

全応力：$\sigma_z = \gamma_{t1} \cdot z_1 + \gamma_{sat2} \cdot z_2 + \gamma_{sat3} \cdot z_3$ (4.9)

間隙水圧：$u_w = \gamma_w(z_2 + z_3)$ (4.10)

有効応力：$\sigma_z' = \gamma_{t1} \cdot z_1 + \gamma_{sat2} \cdot z_2 + \gamma_{sat3} \cdot z_3 - \gamma_w(z_2 + z_3)$ (4.11)

$\qquad = \gamma_{t1} \cdot z_1 - (\gamma_{sat2} - \gamma_w) z_2 + (\gamma_{sat3} - \gamma_w) z_3$

$\qquad = \gamma_{t1} \cdot z_1 + \gamma_2' \cdot z_2 + \gamma_3' \cdot z_3$

4.2.3 地下水位が変化する場合

図 4.7 に示すように①の位置にあった地下水位が，②の位置まで h 低下したときに点 A の応力の変化を全応力，間隙水圧，有効応力の大きさから求めてみる．ただし，地下水位が低下した部分の土の単位体積重量は γ_{t1} と同じとする．

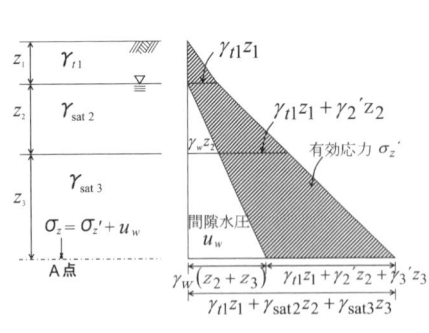

図 4.6 地盤内の応力分布（地層の単位体積重量が異なる場合）

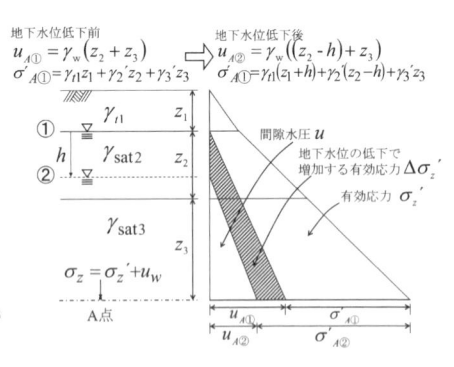

図 4.7 地盤内の応力分布（地下水位が変動する場合）

4.3 地盤の応力分布

（ⅰ）地下水位が①の位置にある場合

全応力：$\sigma_A = \gamma_{t1} \cdot z_1 + \gamma_{sat2} \cdot z_2 + \gamma_{sat3} \cdot z_3$ (4.12)

間隙水圧：$u_A = \gamma_w(z_2 + z_3)$ (4.13)

有効応力：$\sigma_A' = \sigma_A - u_A = \gamma_{t1} \cdot z_1 + \gamma_2' \cdot z_2 + \gamma_3' \cdot z_3$ (4.14)

（ⅱ）地下水位が②の位置にある場合

全応力：$\sigma_A = \gamma_{t1}(z_1 + h) + \gamma_{sat2}(z_2 - h) + \gamma_{sat3} \cdot z_3$ (4.15)

間隙水圧：$u_A = \gamma_w((z_2 - h) + z_3)$ (4.16)

有効応力：$\sigma_A' = \sigma_A - u_A = \gamma_{t1}(z_1 + h) + \gamma_2'(z_2 - h) + \gamma_3' \cdot z_3$ (4.17)

式（4.12）〜（4.17）から，地下水位が h 低下することにより，間隙水圧は，$\gamma_w \cdot h$ だけ減り，応力（土被り圧）は，$\gamma_{t1} \cdot h - \gamma_2' \cdot h$ の大きさだけ増える．すなわち，地下水の汲み上げは，図4.7に示すような地盤内での有効応力の増加となり，地盤沈下が生じることになる．

4.2.4 地表面に一様な荷重が作用した場合

図4.8に示すように，等分布荷重が長い時間作用している場合の点Aの応力状態について考える．

全応力：$\sigma_A = \gamma_{t1} \cdot z_1 + \gamma_{sat2} \cdot z_2 + q$ (4.18)

間隙水圧：$u_A = \gamma_w \cdot z_2$ (4.19)

有効応力：$\sigma_A' = \sigma_A - u_A$
$= \gamma_{t1} \cdot z_1 + \gamma_2' \cdot z_2 + q$ (4.20)

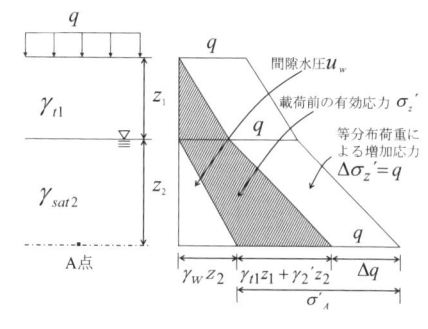

図4.8 地盤内の応力分布（地表面に等分布荷重がある場合）

4.3 地盤の応力分布

4.3.1 地盤の仮定

物体に力を加えると応力が発生し変形を伴う．その度合いを一般的にひずみで表し，応力とひずみは比例するという考え方が使われる．これは**弾性論**であり，構造物を設計するときに役立てられている．ところが，土は応力とひずみが弾性的な関係を示さないが，地盤内に伝えられる応力による変形が小さい範囲で，破壊に対しても十分に安全な場合は，実用上**弾性体**として取り扱うことが多い．こ

こでは，地盤は弾性的な性状をもつとして地盤内の応力分布を求める．

4.3.2 ブーシネスクの応力計算式

地盤内応力のうち，地盤の沈下に関係する地盤内応力は鉛直方向の応力である．地表面に載荷された荷重により生じる地盤内鉛直方向の応力の求め方を述べる．

a. 地盤上の集中荷重・分布荷重・線荷重による地盤内応力分布

地盤を半無限の弾性的な等方・等質として，地盤表面に垂直に集中荷重 P が作用した場合，地盤内部に生じる応力は，**ブーシネスク**（Boussinesq, J.）により導かれている．図 4.9 に示すように深さ z，載荷点中心から r 離れた点における増加応力は式（4.21）から式（4.23）により求められる．ここで，v はポアソン比である．

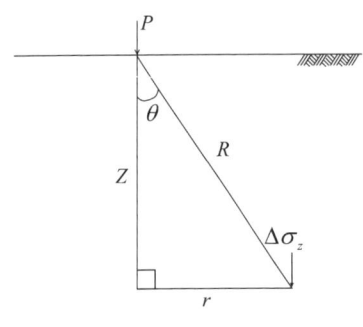

図 4.9 鉛直集中荷重による地盤内応力分布

$$\Delta\sigma_z = \frac{3Pz^3}{2\pi R^5} \tag{4.21}$$

$$\Delta\sigma_r = \frac{P}{2\pi R^2}\left(\frac{3r^2 z}{R^3} - \frac{(1-2v)R}{R+z}\right) \tag{4.22}$$

$$\Delta\sigma_\theta = \frac{(1-2v)P}{2\pi R^2}\left(\frac{R}{R+z} - \frac{z}{R}\right) \tag{4.23}$$

ここで，図 4.9 において $R=\sqrt{z^2+r^2}$ であるから，式（4.22）は式（4.24）となる．

$$\Delta\sigma_z = \frac{3Pz^3}{2\pi R^5} = \frac{3Pz^3}{2\pi(\sqrt{(r^2+z^2)})^5} = \frac{3Pz^3}{2\pi(z\sqrt{(r^2/z^2)+1})^5} = \frac{P}{z^2}I_\sigma \tag{4.24}$$

式（4.24）中の I_σ は，**影響値**（influence factor）または**ブーシネスク指数**といい，式（4.25）で定義される．

$$I_\sigma = \frac{3}{2\pi} \cdot \frac{1}{(1+r^2/z^2)^{5/2}} \tag{4.25}$$

分布荷重が作用する場合の応力の増分は，式（4.24）で求められる増分に，重ね合わせの原理を適用して計算される．重ね合わせの原理とは，例えば地表面に図 4.10 のようないくつかの荷重 P が作用するとき，それぞれの $R=\sqrt{z^2+r^2}$ に

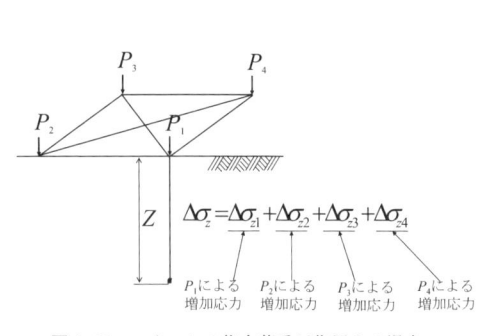

図 4.10 いくつかの集中荷重が作用する場合の増加応力

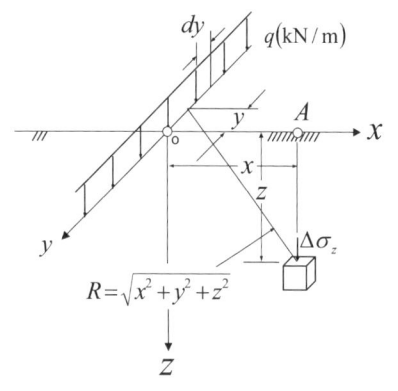

図 4.11 分布荷重が作用する場合の増加応力

による増加応力 $\Delta\sigma_{zi}$ を別々に求め足し合わせる考えをいう．

図 4.11 のように等分布荷重 q が作用するときには，微小な幅 dy で区切ったそれぞれの荷重（$q \times dy$）として，増加応力を求め，等分布荷重が分布する範囲すべてにわたって足し合わせればよい．図 4.11 に示すように x，y，z 座標を定め，幅 dy に作用する荷重（qdy）によって生じる点（$x, 0, z$）での増加応力 zds は式（4.24）〜（4.26）で表される．

$$d\sigma_z = \frac{3(qdy)z^3}{2\pi(x^2+y^2+z^2)^{5/2}} \tag{4.26}$$

この y の $-\infty$ から $+\infty$ まで積分すれば，線荷重による点（$x, 0, z$）での増加応力が求められる．

$$\Delta\sigma_z = \frac{3qz^3}{2\pi}\int_{-\infty}^{\infty}\frac{dy}{(x^2+y^2+z^2)^{5/2}} = \frac{2q}{\pi z(1+x^2/z^2)^2} \tag{4.27}$$

b． 半無限弾性地盤上の分布荷重

石油タンクや建物からの荷重が直接地盤上に伝達する形式の直接基礎や埋立ておよび盛土を行うことによって，荷重によって地盤内に応力が伝播し，沈下などの問題が起きる．このとき，地盤の沈下の予測・検討をするためには，地盤内の深さ方向にどのような応力が発生するのかを知る必要がある．弾性理論を使って，深度方向の増加応力の分布が描けることから，増加応力の大きさが等しい点を結んだ**等応力度線**を地盤内に描くことができる．この等応力度線はタマネギの断面に似ていることから，**応力球根**と呼ばれている．

i）等分布円形荷重による応力分布　　石油タンクのような円形断面をもつ構造物から等分布荷重（単位面積あたり Δq_s）が地表面に載荷された場合，地盤内に発生する鉛直方向増加応力 $\Delta \sigma_z$ を調べた結果が図 4.12 である．この図 4.12 は，円形荷重 Δq_s が半径 R の円形部分に載荷された場合の鉛直方向応力 $\Delta \sigma_z$ が Δq_s の比として，深度 z，水平方向 x の位置に応じてコンター図で示されている．

また，構造物の荷重 q が特に大きくないかぎり，増加応力の大きさが $0.2q$ に等しい位置より深いところでは，実質的に影響がないといわれている．つまり，荷重伝達において $0.2q$ の深さまで調査をすればよいことになる．しかし，図 4.13 のように鉛直増加応力に応力が増えるときの最大深さは，載荷面の中央部に生じ，載荷幅の 2 倍である．したがって，小規模な載荷試験で地盤が十分な支持力を有していると判断されても，載荷面が大きくなるとその影響範囲が広くそして深くなる．これにより深い位置に軟弱層が存在していた場合，鉛直方向の増加応力が伝達し，十分な支持力が得られなくなることがあるので注意が必要である．

ii）等分布帯状荷重による応力分布　　単位面積あたり Δq_s の等分布荷重が幅 b にわたって帯状に無限の長さで分布している場合の鉛直方向の増加応力は，図 4.14 で求めることができる．

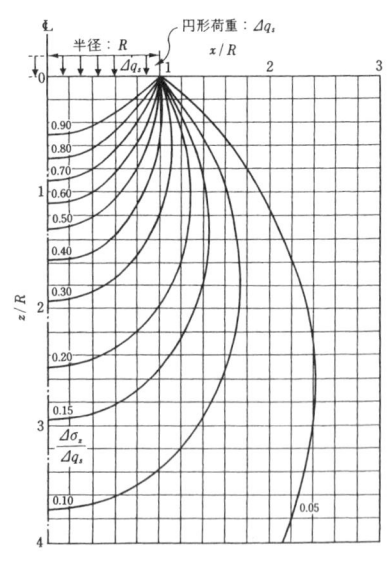

図 4.12　等分布円形荷重による応力分布[2]） 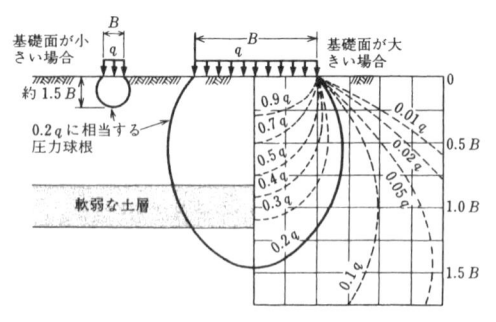　　　　図 4.13　軟弱層と応力球根[3]）

iii) **等分布長方形荷重による応力分布**　高層ビルなどの構造物は，長方形断面の直接基礎から等分布荷重として地盤に荷重が伝わる．**ニューマーク**(Newmark, N. M.) は，単位面積あたり Δq_s の等分布荷重が長方形の断面に載荷した場合の鉛直方向の増加応力の計算を行った．

地表面に長方形等分布荷重が作用したとき，その隅角部直下の鉛直方向の増加応力の計算は，図 4.15 に示すように，長方形等分布荷重面上に考えた微小な各荷重に対するブーシネスクの解を載荷領域全体に重ね合わせの原理を適用し，積分することで求められる．

図 4.15 に示すように長方形の等分布荷重 q_s を載荷したとき，長方形の短辺 B と長辺 L を深さ z で割り，それぞれの値を m と n とする．この長方形の隅角部の直下における深さ z の増加応力 $\Delta\sigma_z$ は，$m=B/z$，$n=L/z$ として，$\Delta\sigma_z = q_s \cdot f_b(m,n)$ より求められる．このときの $f_b(m,n)$ の式は，ニューマークによって式 (4.28) のように与えられている．

$$\sigma_z = \frac{q}{2\pi}\left\{\frac{mn}{\sqrt{(m^2+n^2+1)}} \cdot \frac{m^2+n^2+2}{(m^2+1)(n^2+1)} + \sin^{-1}\frac{nm}{\sqrt{(m^2+1)(n^2+1)}}\right\} = q_s f_B(m,n)$$
(4.28)

ここで，式 (4.28) における m, n の関数 $f_b(m,n)$ は影響値と呼ばれるものであり，図 4.16 を利用して読み取って利用してもよい．

また，図 4.17 のように隅角部以外の任意の点の直下における増加応力 $\Delta\sigma_z$

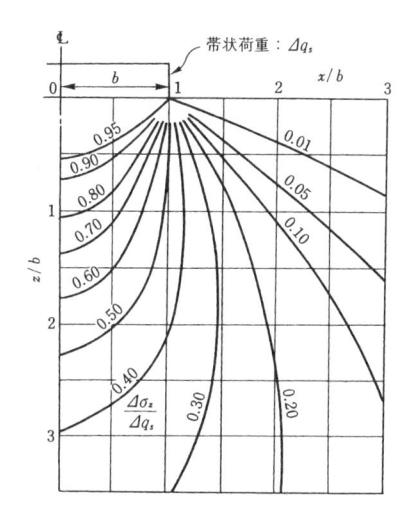

図 4.14　等分布帯状荷重による応力分布[2)]

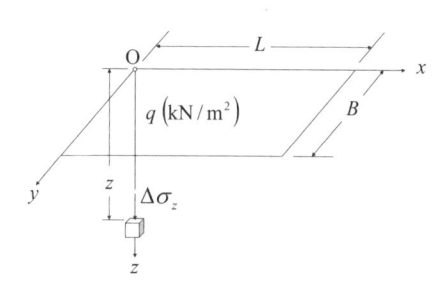

図 4.15　長方形等分布荷重による増加応力

$\Delta\sigma_z = q f_B(m, n)$

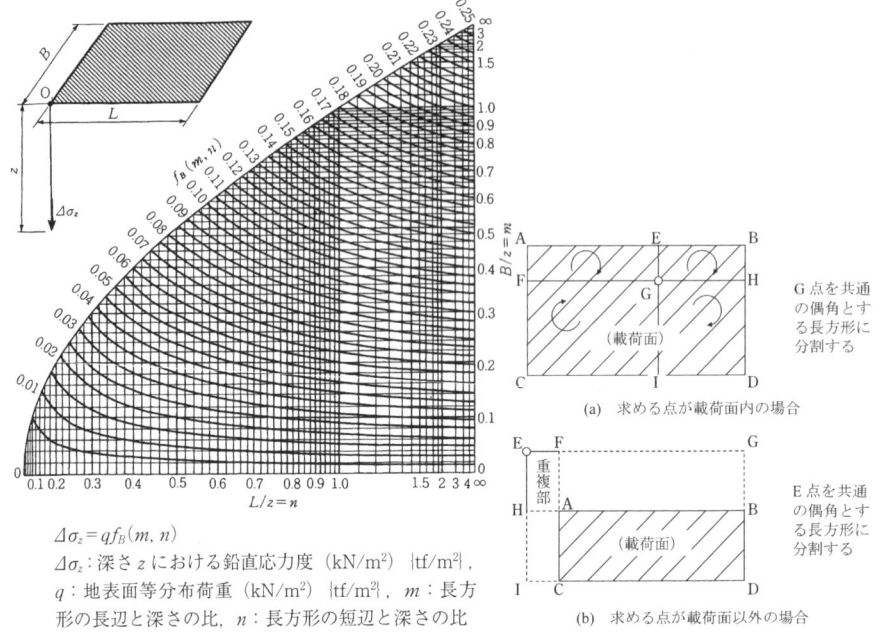

$\Delta\sigma_z$：深さ z における鉛直応力度（kN/m²）｛tf/m²｝，
q：地表面等分布荷重（kN/m²）｛tf/m²｝，m：長方形の長辺と深さの比，n：長方形の短辺と深さの比

図 4.16 長方形等分布荷重による隅角部直下の地中鉛直応力[4]

図 4.17 長方形等分布荷重による任意点直下の増加応力

は，その点を隅角部とするいくつかの長方形に分割して，それぞれの長方形等分布荷重による $\Delta\sigma_z$ を重ね合わせることによって求められる．もし，等分布荷重がない領域や重複部分が生じれば，その影響を加減する．

例えば，図 4.17（a）の G 点直下の深さ z の点の増加応力は

$$\Delta\sigma_z = \Delta\sigma_{z\cdot\mathrm{GEBH}} + \Delta\sigma_{z\cdot\mathrm{GHDI}} + \Delta\sigma_{z\cdot\mathrm{GICF}} + \Delta\sigma_{z\cdot\mathrm{GFAE}} \tag{4.29}$$

また，図 4.17（b）の E 点直下の深さ z 点の増加応力は

$$\Delta\sigma_z = \Delta\sigma_{z\cdot\mathrm{EGDI}} - \Delta\sigma_{z\cdot\mathrm{EGBH}} - \Delta\sigma_{z\cdot\mathrm{EFCI}} + \Delta\sigma_{z\cdot\mathrm{EFAH}} \tag{4.30}$$

となる．

c．盛土荷重による応力分布

道路や鉄道は盛土の上に建設されることが多い．特に軟弱地盤上での盛土施工には，沈下と安定性の検討が重要である．盛土から地盤に伝わる荷重は，台形分布荷重とし無限の長さにわたって載荷される．台形分布荷重による地盤内の鉛直方向の増加応力は，**オスターバーグ**（Osterberg, J. O.）によって求められている．

図4.18に示すように，盛土内の点Aを境に，左側の台形分布荷重と右側の台形分布荷重に区分する。点A直下の深さzの位置にある点Oに伝えられる増加応力$\Delta \sigma_z$は，図4.18のα_1，α_2なる角度をラジアン（rad：πは180度）で表し，式(4.31)で求める．

$$\Delta \sigma_z = \frac{1}{\pi}\left\{\left(\frac{a+b}{a}\right)(\alpha_1+\alpha_2) - \frac{b}{a}\alpha_2\right\}q = Kq \tag{4.31}$$

ここで，K：影響値である．

　また，点Aより右側にある台形分布荷重による増加応力も同様に，α_1，α_2を求めた式(4.31)で計算される．したがって，点A直下にある点Oの増加応力は左側の台形分布荷重と右側台形分布荷重による増加応力を重ね合わせればよい．

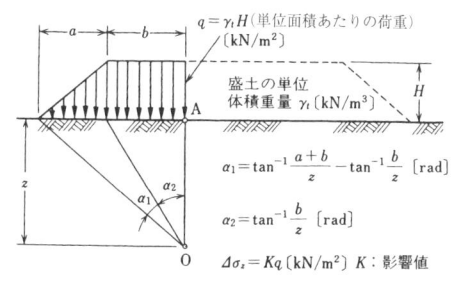

図4.18　台形帯状荷重による増加応力[5]

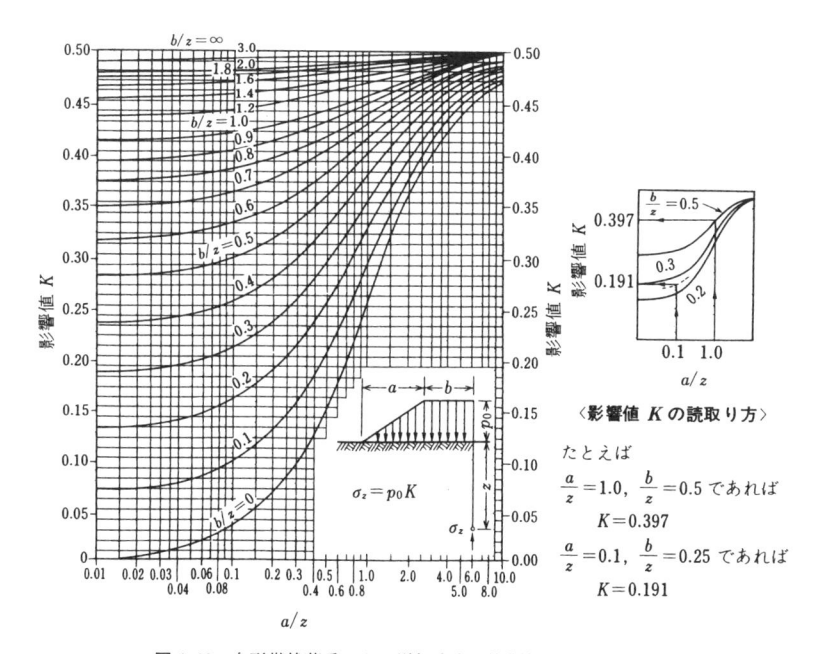

図4.19　台形帯状荷重による増加応力の影響値Kを求める図[6]

影響値 K は，図 4.18 に示した方法から α_1，α_2 なる角度を求めて，式 (4.31) で容易に計算できる．また，図 4.19 を利用して読み取っても求めることができる．

演 習 問 題

4.1 図 A に示す地盤の応力分布図を示せ．なお，分布図は応力の大きさに伴って尺度をあわせて表示し，各層の境界②〜④における有効応力 σ'，間隙水圧 u，全応力 σ の値を記入すること．また，地下水面が③の位置まで低下した場合についても示せ．ただし，地下水面低下後の単位体積重量は A 層 $\gamma_t = 18\,\mathrm{kN/m^3}$，B 層 $\gamma_t = 16\,\mathrm{kN/m^3}$ とする．

4.2 図 B に示すような砂地盤がある．次の問いに答えよ．なお，地下水面以上の部分の湿潤単位堆積重量は $\gamma_t = 18\,\mathrm{kN/m^3}$ であり，地下水面以下の部分の飽和単位体積重量は $\gamma_{sat} = 20\,\mathrm{kN/m^3}$ である．

（i）A，B 点の全応力，有効応力，間隙水圧はいくらか．

（ii）地下水面が 6 m 低下したときの，A 点の全応力，および B 点の全応力，有効応力，間隙水圧はどうなるか．

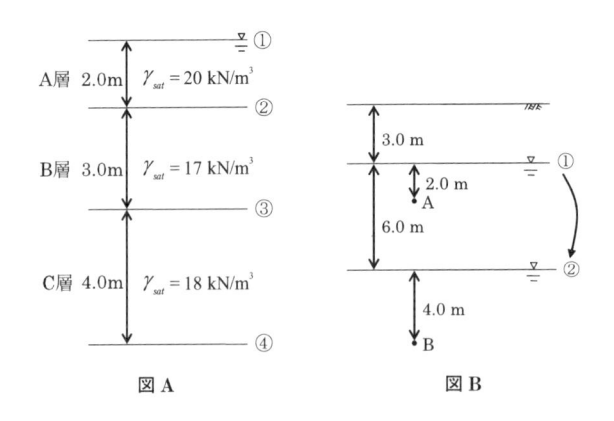

図 A

図 B

4.3 （i）図 C のような深さ 5 m の A 点に生じる鉛直方向の増加応力 $\Delta\sigma_z$ を求めよ．ただし，影響値 I_σ は表 A に示すものとする．

（ii）図 D のような 3 m×4 m の長方形の基礎において，$q = 200\,\mathrm{kN/m^2}$ の等分布荷重が地表面に載荷されている．点 A 直下 5 m の地点における鉛直応力および載荷面中心点 B の直下 5 m の地点の鉛直分布をそれぞれ求めよ（ここに，$m = a/z$，$n = b/z$ であり，m と n は互いに交換できる）．

演 習 問 題

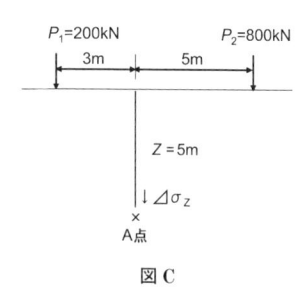

P_1=200kN, 3m, P_2=800kN, 5m

Z = 5m
↓ $\Delta\sigma_z$
× A点

図 C

表A 集中荷重による鉛直応力

γ/z	I_σ	γ/z	I_σ
0.00	0.478	0.70	0.176
0.10	0.466	0.80	0.139
0.20	0.433	0.90	0.108
0.30	0.385	1.00	0.084
0.40	0.329	1.50	0.025
0.50	0.273	2.00	0.009
0.60	0.221	3.00	0.002

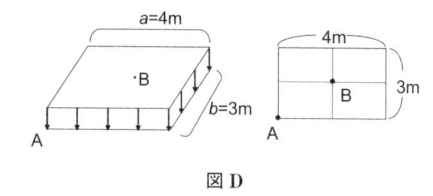

a=4m, B, b=3m, A

4m, B, 3m, A

図 D

参考文献

1) 石原研而：土質力学（第2版），丸善，2001．
2) 足立格一郎：土質力学，共立出版，2002．
3) 文部省検定教科書：土質力学，実務出版，1994．
4) 地盤工学会地盤工学ハンドブック編集委員会編：地盤工学ハンドブック，地盤工学会，1999．
5) Osterberg, J. O.：Influence values for vertical stresses in a semi-infinite mass due to an embankment loading. *Proc. of 4th ICSMFE*, Vol.1, pp.393-394, 1957.
6) 粟津清蔵監修，安川郁夫・今西清志・立石義孝著：絵とき土質力学（改訂2版），オーム社，2004．

5 透 水

　地下水面より上部の土の間隙には空気も存在しているが，地下水面下の土の間隙は水で満たされている．水の流れやすさは室内・現場透水試験を行い，ダルシーの法則に従って求められ，土の透水係数として評価される．透水係数の大きさは地層，土質によって異なり，また粒度組成が異なると透水試験の方法が違ってくる．さらに透水係数を調べておくことによって地盤中を浸透する流量や水が土中を浸透するときの力（浸透水圧）も算定できる．さらに浸透水圧の作用に関連したクイックサンドやボイリングと呼ばれる地盤の破壊につながる現象の予測や安定性評価も検討できる．

矢板裏のパイピングの跡

5.1　種々の土中水

　土中水は土粒子間に様々な状態で存在しており，図 5.1 のように重力水，毛管水，吸着水に分類される．地下水のような重力水は重力によって移動する水であり，地下水面は大気圧に等しく，地下水面以上は負の水圧となり，特に不飽和帯と呼ばれる．不飽和帯の毛管水は 5.8 節（図 5.11）に説明する土粒子間隙に働く表面張力により生ずるメニスカスをつくって保持されている水であり，吸着水は，土粒子表面に物理的，化学的に吸着されている水のことをいう．

5.2　水　　頭

　「水は高き（高いところ）から低き（低いところ）へと流れる．」ここでいう高い低いとはエネルギーの差をいう．エネルギーには，いわゆる高低差の**位置エネ**

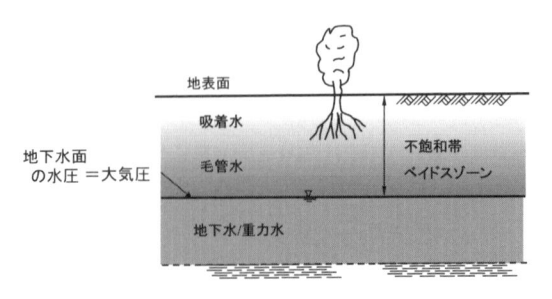

図 5.1　土中水の種類

ルギー，圧力差の**圧力エネルギー**，速度差の**速度エネルギー**などがある．エネルギーはある基準からの差として定義され，位置エネルギーは地面の高さを，圧力差の場合には大気圧を，速度差の場合には止まっているときを，それぞれを基準にとる場合が多い．水の全エネルギーは位置エネルギー（$\gamma_w z$）と圧力エネルギー（p_w），速度エネルギー（$\gamma_w v^2/2g$）で表される．

$$\text{水のもつ全エネルギー} = \gamma_w z + p_w + \frac{\gamma_w v^2}{2g} \tag{5.1}$$

ここに，γ_w：水の単位体積重量，z：基準からの高さ，p_w：水圧，v：流速，g：重力加速度である．

エネルギー（J（ジュール）＝Nm）は単位質量あたりのエネルギー（J/kg）や単位体積あたりのエネルギー（J/m^3＝N/m^2）で表されたりする．式（5.1）のように単位体積あたりのエネルギーは応力・圧力の次元と等しく，単位体積の重量が1 gf（0.0098 N）や1 tf（9.8 kN）である水の立方体（底面積が1 cm^{2}や1 m^2）の積み重ねた高さ（水柱の高さ）で表すことができる．この水柱の高さで表したエネルギーを**水頭**と呼ぶ．水頭は長さの次元となることから単位重量あたりで表したエネルギー（J/N＝m）と考えることができる．

式（5.1）を水頭で表すと，全水頭＝位置水頭＋圧力水頭＋速度水頭として

$$H_T(\text{全水頭}) = z + \frac{p}{\gamma_w} + \frac{v^2}{2g} \tag{5.2}$$

と表される．図5.2の場合，H_{T1}がH_{T2}より大きいため，右へ水が流れる．土中を流れる流速は非常に小さく（砂で約0.01 cm/s），式（5.1），（5.2）の右辺第3項（速度水頭）を無視することができる．そのため，土質力学では土のない水だけの経路において水のエネルギー損失はなく，全水頭は変化しないと考える．

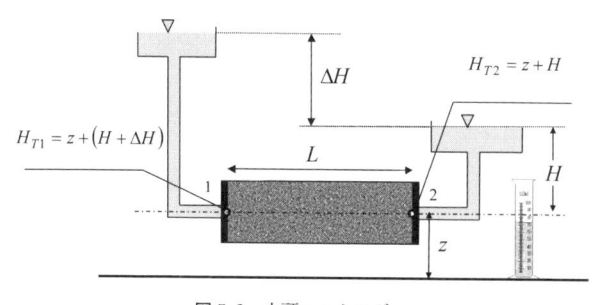

図5.2　水頭・エネルギー

5.3 ダルシーの法則

水道技師であったダルシー（Darcy, H）は1856年，土中を流れる見かけの流速が**動水勾配**に比例することを発見した．動水勾配とは浸透する単位長さ（単位長さの浸透距離）あたりの全水頭の損失で定義され，そのときの比例定数は水の流れやすさを示す**透水係数**と呼び，この関係を**ダルシーの法則**という．

$$v = ki \quad \text{または} \quad v = k\frac{H_{T1} - H_{T2}}{L} = k\frac{\Delta H}{L} \tag{5.3}$$

ここに，v：間隙部だけでなく土粒子部分を含めた土の単位断面積あたりから流れる平均流速（見かけの流速），k：透水係数，i：動水勾配（$=\Delta H_T / L$），ΔH_T：全水頭差（図5.2の試料両端1,2の全水頭はそれぞれ左右水面の全水頭と等しいことから，全水頭差（$\Delta H_T = H_{T1} - H_{T2}$）は左右水面の位置水頭差である水位差 ΔH に等しくなる），L：浸透距離，である．

ダルシーの法則は層流域においてのみ成立する．先述したように透水係数は流速と動水勾配の比例定数であるが，ポアズーユ（Poiseuille）の法則から透水係数を導くと式（5.4）に示すテイラー（Taylor）の式の形となり，間隙比，粒径，粘性係数（温度）による影響を受けることがわかる．

$$k = \frac{\gamma_w}{\eta} C_T \frac{e^3}{1+e} D_s^2 \tag{5.4}$$

ここに，η：水の粘性係数，γ_w：水の単位体積重量，e：間隙比，C_T：テイラーの形状係数，D_s：土粒子の代表径（有効径 D_{10} など）である．

粘性係数は温度によって異なるため，通常15°Cにおける透水係数が用いられる．また，透水係数は飽和度によっても異なり，飽和度が低くなると指数的に小さくなる性質をもつ．実務においては粒径の大きさから簡易的に透水係数を推定する**ヘーゼン**（Hazen）**の式**（式（5.5））やクレーガー（Creager, W. P.）による D_{20} から透水係数を推定する方法が用いられる場合がある．

$$k = C_h D_{10}^2 \tag{5.5}$$

ここに，D_{10}：有効径（cm），C_h：ヘーゼンの形状係数[1]である．

5.4 室内・現場透水試験

5.4.1 室内透水試験

室内透水試験は材料としての透水性を調べる際に用いられることが多く，水位

差の与え方により定水位型と変水位型に分けられる．定水位透水試験は，透水係数が 10^{-3}〜10^{-1} cm/s の砂や砂質土に用いられるのに対して，変水位透水試験では透水係数が 10^{-7}〜10^{-3} cm/s のシルトや細粒分を多く含む土を対象としている．

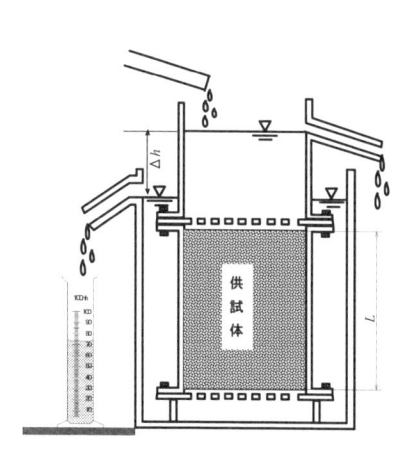

a．定水位透水試験

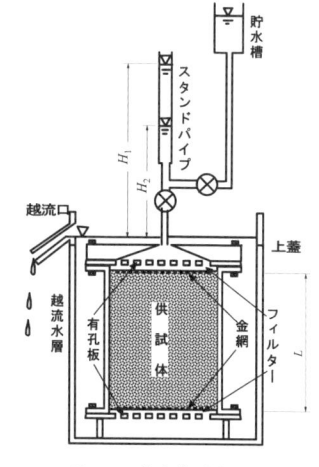

定水位透水試験装置は図5.3に示すもので，供試体の上流下流の水位差（全水頭差）が一定になるように，越流容器の中にモールドを沈め水位差を固定する．単位時間あたりにモールド内を浸透した流量を越流容器から測ることにより，式(5.6)を使って透水係数を求める．

$$k = \frac{QL}{At\Delta h} \tag{5.6}$$

ここに，Q：t 時間あたりの浸透量，A：モールドの断面積，L：供試体長さ，t：時間，Δh：水位差である．

b．変水位透水試験

透水性の低い土の透水係数を測る場合，単位時間あたりの流出量が非常に少なくなるため，図5.4のように供試体の上端にガラス管（スタンドパイプ）を立てて Δt 時間の間にガラス管内を低下する水面から供試体内の流量を測る．その間，水位差が変化するため，Δt 時間に変化した水位差を測り，連続式にダルシーの法則を用いた式(5.7)を積分して透水係数を求める．

$$-adh = Ak\left(\frac{h}{L}\right)dt \tag{5.7}$$

図5.3　定水位透水試験

図5.4　変水位透水試験

ここに，a：ガラス管断面積，A：供試体断面積，h：t 時刻の水位差である．

時刻 t_1, t_2 のとき（$\Delta t = t_2 - t_1$），それぞれの水位 H_1, H_2 として式（5.7）を積分する．

$$\int_{t_1}^{t_2} dt = \int_{H_1}^{H_2} \left(-\frac{aL}{Ak} \cdot \frac{1}{h}\right) dh \tag{5.8}$$

常用対数を用いれば，変水位透水試験による透水係数が式（5.9）のように得られる．

$$k = 2.303 \frac{a}{A} \cdot \frac{L}{\Delta t} \log_{10} \frac{H_1}{H_2} \tag{5.9}$$

5.4.2 現場透水試験

透水現象は広範囲にわたるため，室内試験は材料としての透水係数，物性値として評価されることが多く，現場の透水係数や流量の算定などに用いられる場合には，**現場透水試験**を行うことが一般的である．井戸やボーリング孔を用い，**帯水層**からの揚水，地盤中への注水による地下水頭の応答から透水係数を測定する方法である．現場透水試験には，複数の井戸を用いる**揚水試験**と1本の井戸を用いて行う**単孔式透水試験**がある．ここでは，測定精度のよい揚水試験について説明する．

揚水試験は**揚水井**から地下水を汲み上げ，揚水量と周辺に設けた複数の**観測井**の水位低下量（水頭低下量）を測定し，帯水層の透水係数を求める方法である．地下水位には図5.5，図5.6に示すように帯水層の状態によって**被圧地下水**と**自由地下水（不圧地下水）**とに分けられる．前者は，粘土層などの不透水層に帯水層が覆われて大気圧より高い圧力を有し，時には地表面より上部に自噴することもあり，掘り抜き井戸と呼ばれる．後者は，地下水が大気に接する自由地下水面

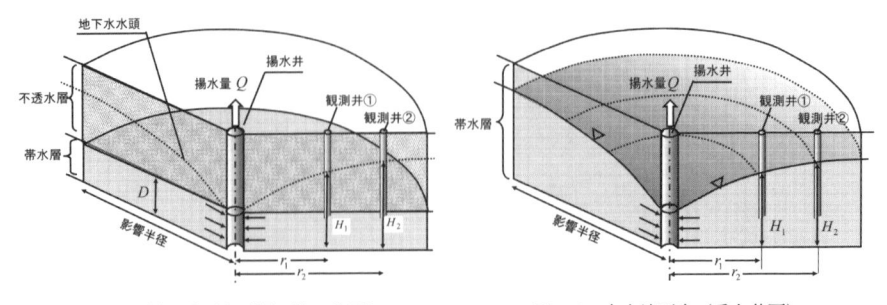

図5.5 被圧地下水（掘り抜き井戸）　　　図5.6 自由地下水（重力井戸）

をもっており，そこに掘られる井戸を重力井戸と呼ぶ．

ⅰ）掘り抜き井戸による揚水試験の場合（被圧地下水）　井戸を汲み上げる揚水井から，r_1, r_2 にある観測井の定常状態となった地下水位を H_1, H_2 とする．帯水層の厚さ D が一定であるので流量断面 $A=2\pi rD$，単位時間あたりの流量 Q とすると

$$Q=kiA=k\frac{\Delta h}{L}A=k\frac{dh}{dr}2\pi rD \qquad (5.10)$$

が得られ，$r=r_1$ で $h=H_1$，$r=r_2$ で H_2 の条件のもと，この微分方程式を解く．

$$\int_{r_1}^{r_2}\frac{Q}{r}dr=\int_{H_1}^{H_2}2\pi Dkdh \qquad (5.11)$$

$$Q\ln\left(\frac{r_2}{r_1}\right)=2\pi Dk(H_2-H_1) \qquad (5.12)$$

これより透水係数は式（5.13）として得ることができる．

$$k=\frac{Q}{2\pi D(H_2-H_1)}\ln\left(\frac{r_2}{r_1}\right)=\frac{2.303Q}{2\pi D(H_2-H_1)}\log_{10}\left(\frac{r_2}{r_1}\right) \qquad (5.13)$$

ⅱ）重力井戸による揚水試験の場合（自由地下水）　揚水井から，r_1, r_2 にある観測井の定常状態となった地下水位を H_1, H_2 とする．自由地下水の場合，流量断面の高さが揚水井から離れるほど大きくなるため，流量断面の高さ h を変数におき，流量断面を $A=2\pi rh$ として流量の式を立てる．

$$Q=kiA=k\frac{\Delta h}{L}A=k\frac{dh}{dr}2\pi rh \qquad (5.14)$$

$r=r_1$ で $r=H_1$，$r=r_2$ で H_2 の条件のもと，この微分方程式を解く．

$$\int_{r_1}^{r_2}\frac{Q}{r}dr=\int_{H_1}^{H_2}2\pi khdh \qquad (5.15)$$

これより，透水係数は式（5.16）として与えられる．

$$k=\frac{Q}{\pi(H_2^2-H_1^2)}\ln\left(\frac{r_2}{r_1}\right)=\frac{2.303Q}{\pi(H_2^2-H_1^2)}\log_{10}\left(\frac{r_2}{r_1}\right) \qquad (5.16)$$

5.5　浸 透 水 圧

5.5.1　浸透水圧と過剰間隙水圧

土中を水が流れる場合には流れに対する土粒子からの抵抗により，静水圧だけでなく**過剰間隙水圧**（静水圧を超える水圧）が発生する．図 5.7 に示すように ΔH の水位差をつけることにより，試料底面（$z=L$）では $+\gamma_w\Delta H$ の過剰間隙水圧が発生する．試料表面（過剰間隙水圧の発生面）から深さ z での過剰間隙

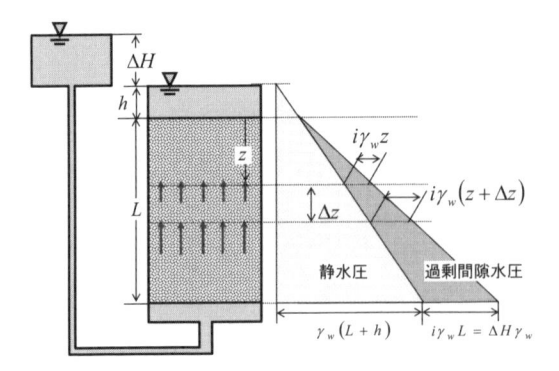

図 5.7 浸透過程における静水圧と過剰間隙水圧

水圧を u_e とおくと，比例関係から $u_e=\gamma_w\cdot(\Delta H/L)\cdot z=\gamma_w\cdot i\cdot z$ となる．したがって深さ z にある点 P での間隙水圧 u_w は静水圧と過剰間隙水圧の和である式 (5.17) となる．

$$u_w=(静水圧)+(過剰間隙水圧)$$
$$=\gamma_w(h+z)+\gamma_w\cdot i\cdot z=\gamma_w\left\{h+\left(1+\frac{\Delta H}{L}\right)z\right\} \qquad (5.17)$$

試料中の2点の深さの差 Δz を挟む両断面に作用する浸透水による過剰間隙水圧の差は**浸透水圧**と呼ばれて流れの向きに働く．均質な土の場合，動水勾配は深さによらず一定であるので，2断面間の浸透水圧 p_s は式 (5.18) として表される．試料表面（過剰間隙水圧の発生面）から Δz を考えると，浸透水圧は過剰間隙水圧と等しくなることがわかる．

$$p_s=\gamma_w\left(\frac{\Delta H}{L}\cdot(z+\Delta z)-\frac{\Delta H}{L}\cdot z\right)=\gamma_w\cdot\frac{\Delta H}{L}\cdot\Delta z=\gamma_w\cdot i\cdot\Delta z \qquad (5.18)$$

この浸透水圧は，次に示す浸透破壊を引き起こす外力となる．

5.5.2 浸透破壊現象

　土塊が浸透水による上向きの浸透水圧を受けると水中重量（上載荷重がある場合はそれをも含む）からなる有効応力が減少し，さらに浸透水圧が大きくなると有効応力がゼロとなり，砂が浮いた状態の**クイックサンド**が生じて土塊が破壊する．図 5.7 において土の飽和単位体積重量 γ_{sat}，土粒子の単位体積重量 γ_s，間隙比 e とすると，試料下端での下向きに働く全応力 σ，上向きの間隙水圧 u_w は

5.5 浸透水圧

それぞれ式 (5.19)，(5.20) となる．

$$\sigma = \gamma_w \cdot h + \gamma_{sat} \cdot L = h \cdot \gamma_w + \frac{\gamma_s + e\gamma_w}{1+e} \cdot L \tag{5.19}$$

$$u_w = \gamma_w(\Delta H + h + L) \tag{5.20}$$

式 (5.19)＝式 (5.20) と等号が成り立つとき，全応力と間隙水圧がつりあい，**有効応力**がゼロとなり**浸透破壊**が生じ，このときの水位差 ΔH_c は式 (5.21) となる．

$$\Delta H_c = \frac{\gamma_s - \gamma_w}{\gamma_w(1+e)} \cdot L \tag{5.21}$$

これより浸透破壊が生じるときの動水勾配は式 (5.22) の**テルツァギーの限界動水勾配** I_c（無次元）として得ることができる．

$$I_c = \frac{\Delta H_c}{L} = \frac{\gamma_s - \gamma_w}{\gamma_w(1+e)} \quad \text{または} \quad I_c = \frac{\Delta H_c}{L} = \frac{G_s - 1}{1+e} = \left(1 - \frac{n}{100}\right)(G_s - 1) \tag{5.22}$$

また，地盤の掘削現場における矢板締切内側の地表面の土が**ボイリング**（boiling）と呼ばれる沸騰したような状態で土粒子を噴き上げ，突然破壊することがある．この現象は，図 5.8 の矢板の先端下流側面に働く上向きの水圧（浸透水圧）が，その上の土圧（土被り圧）より大きくなるときに生じる．テルツァギーは実験から矢板裏の不安定化が生じる範囲を矢板の根入れ深さ D の半分の $D/2$ の大きさと考えた．矢板先端での浸透水圧（過剰間隙水圧）は，均質な場合，$p_s = \gamma_w H/2$ となり，矢板の下流側での水圧は矢板から離れるほど小さくなるため，平均の過剰間隙水圧を H_a とおいて $D/2$ の範囲で鉛直方向の力のつりあいから安全率 F_s を求めると，式 (5.23) となる．

$$F_s = \frac{D/2 \cdot D \cdot \gamma_{sub}}{D/2 \cdot H_a \cdot \gamma_w} = \frac{D \cdot \gamma_{sub}}{H_a \cdot \gamma_w} = \frac{D}{H_a} \cdot \frac{G_s - 1}{1+e} \tag{5.23}$$

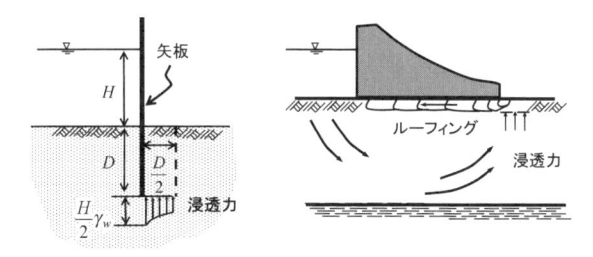

図 5.8 構造物周りの地盤破壊

H_a の値により，安全率の大きさが変わるため，一般に鉛直方向の**パイピング**が発生しないための安全率は 5〜12 が用いられる．実地盤は均質ではないため，ボイリングや有効応力を失った砂の状態を示すクイックサンドは，局所部で発生することを考慮しているからである．砂が排除されて浸透水の流路長が短くなり，やがて上流部に向かってボイリングが進むとパイプ状に形成されるパイピングが生じる．また構造物の底面に沿ってパイピングが進む場合は特に**ルーフィング**と呼ばれ，コンクリートと土のように異質の接触面はしばしば弱点となりやすい．

5.6 流 線 網

水分子の移動する軌跡を**流線**という．また等しい全水頭をつないだ線を**等ポテンシャル線**という．両者は互いに直交し，流線と等ポテンシャル線からなるネットを**流線網（フローネット）**という．①流線網においては等ポテンシャル線間の水頭差はすべて等しく，②任意の流線に挟まれる間の流量も等しい．また，③流線と等ポテンシャル線は直交し，④貯水と接する境界は等ポテンシャル線となる性質をもつ．この流線網を使って浸透量や土中の間隙水圧を求めることができる．

透水係数を k としたとき図 5.9 のような流線網の一部（ABDC）の単位時間あたりの流量 q は式（5.24）で示される．

$$q = kid = k\frac{\Delta h}{l}d \tag{5.24}$$

ここで，流線網の性質から，等ポテンシャル線に挟まれる部分の数を N_d（図 5.9 では 8 個），流線で挟まれる部分（**流管**）の数を N_f（図 5.9 では 4 個）とすると，奥行き L に対する浸透流量 Q はダルシーの法則を用いて式(5.25)となる．

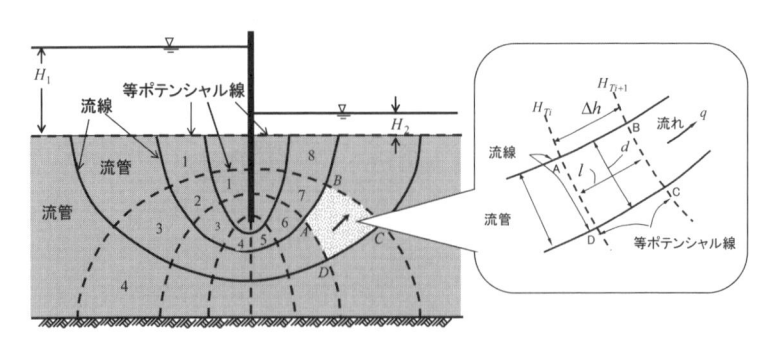

図 5.9 流線と等ポテンシャル線

$$Q = N_f \cdot q \cdot L = N_f \cdot k \cdot \frac{\Delta h}{l} \cdot d \cdot L \tag{5.25}$$

ここで $\Delta h = H_{Ti} - H_{Ti+1} = (H_1 - H_2)/N_d$ であり，透水係数が鉛直，水平方向に均質な場合は正方形フローネットと呼ばれ $d = l$ であることから，式 (5.26) が得られる．

$$Q = k \cdot (H_1 - H_2) \cdot \frac{N_f}{N_d} \cdot L \tag{5.26}$$

流線を使って任意の点の圧力水頭をも求めることができる．等ポテンシャル線間の水頭差はすべて等しいことから，求めたい点の全水頭を等ポテンシャル線により求め，その点の位置水頭（高さ）を求めた全水頭から差し引けば圧力水頭を求めることができる．

5.7 互層地盤の透水係数

図 5.10 のような透水係数の異なる層が堆積した互層地盤（奥行き L）の全体の透水係数は連続の式とダルシーの法則を使うことにより求められる．

層と平行な流れ（水平流れ）の場合には，層の方向に対して等ポテンシャル線が直交することから，各層の水頭差は等しく（$\Delta h = \Delta h_1 = \Delta h_2 = \cdots = h_n$），各層の流量 q_i の合計が全体の q に等しいことから，

$$\begin{aligned} q &= k_h \frac{\Delta h}{1}(D_1 + D_2 + \cdots + D_n) L \\ &= k_1 \frac{\Delta h_1}{1} D_1 \cdot L + k_2 \frac{\Delta h_2}{1} D_2 \cdot L + \cdots \\ &\quad + k_n \frac{\Delta h_n}{1} D_3 \cdot L \end{aligned} \tag{5.27}$$

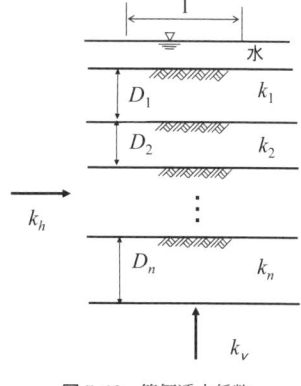

図 5.10 等価透水係数

式 (5.27) を移項して整理すると層に平行な向きの透水係数を得る．

$$k_h = \frac{k_1 D_1 + k_2 D_2 + \cdots + k_n D_n}{D_1 + D_2 + \cdots + D_n} \tag{5.28}$$

層に対して直交する流れでは，各層の流量 q_i が等しく（$q = q_1 = q_2 = q_3$），全体の全水頭差は各層の全水頭差の和に等しいことから，

$$\Delta h = \frac{q(D_1 + D_2 + \cdots + D_n)}{k_v \cdot 1} = \frac{q_1 D_1}{k_1 \cdot 1} + \frac{q_2 D_2}{k_1 \cdot 1} + \cdots + \frac{q_n D_n}{k_n \cdot 1} \tag{5.29}$$

層に直交する向きの透水係数は式 (5.30) のように得る．

$$k_v = \frac{D_1 + D_2 + \cdots + D_n}{D_1/k_1 + D_2/k_2 + \cdots + D_n/k_n} \tag{5.30}$$

5.8 毛管現象

　地下水よりも上の土は不飽和土と呼ばれ，図5.11に示されるように，**表面張力**によって間隙に保持されている**毛管水**と，土粒子表面の吸引力によって吸着されている**吸着水**を含んでいる．また毛管水は，土粒子接点周りに凹状の曲面（メニスカス）を形成して保持されるメニスカス水と，複数の粒子に囲まれた大きな間隙中の水分である**バルク水**に区別できる[2]．特に土中の間隙に毛管水が保持される現象は，下端を水に浸した毛細管の水と類似する．水は**表面張力**を有し，固体と気体との間に一定の角度で接触しようとするため，毛細管内を上昇し，水面はメニスカスをなし，一定の高さ h_c に達して静止する（図5.12）．この高さ h_c を**毛管上昇高**という．液体の表面張力を T とすると，表面張力によるガラス管内の周囲に発生する上向き力 $\pi \cdot T \cos\alpha$ と水の自重 $(\pi D^2/4) \cdot h_c \cdot \gamma_w$ とがつりあうことにより，この h_c は次式で計算することができる．

$$h_c = \frac{4T\cos\alpha}{\gamma_w D} \tag{5.31}$$

間隙構造が複雑なため，毛管上昇高さは近似的に次式によって推定される．

$$h_c = \frac{C}{e \cdot D_{10}} \tag{5.32}$$

ここに，C：粒径および表面の不純度で決まる定数（0.1〜0.5の範囲）（cm^2）である．

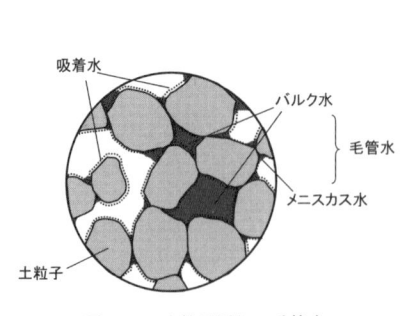

図5.11　土粒子周りの毛管水

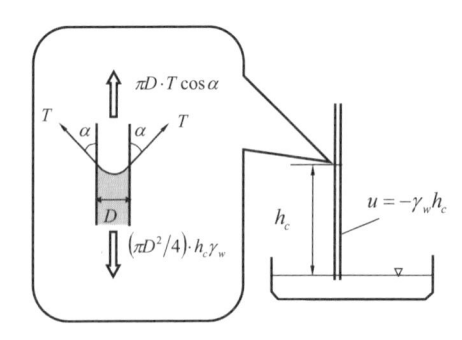

図5.12　毛管上昇高

5.9 凍　　上

　土中水の凍結により土の体積の増加が生じ，地表面が隆起する現象を土の凍上という．凍上は，その土中の間隙水が凍結するだけでなく，凍結していないところから毛管作用によって水分が移動し凍結範囲が広がっていく．寒冷地においては道路舗装面下で凍上が生じると，膨張により舗装に変形が生じ，凍結された土（凍土）が融けると水分の増加により地盤が軟弱化し，著しい支持力低下を生じることになる．凍上は，凍結していない層から凍結している層への水の供給の度合いによるため，ある程度の保水性（吸水力）と透水性（水の供給）を有し，毛管上昇高が高く，透水係数が特に $10^{-3} \sim 10^{-6}$ cm/s にあるシルト質土に多くみられる．

演 習 問 題

5.1　図 5.2 の点 1 から 2 へ水平に x 離れた点（高さは z）における間隙水圧を求めよ．ただし，水の単位体積重量を γ_w とする．

5.2　図 A に示す水槽の上に小径（直径 2 cm）の透明なパイプと大径（直径 10 cm）をつなぎあわせて次の 2 つの土試料について透水試験を行った．各問いに答えよ．
　（i）上から常に水を供給し定水位型の透水試験を行った．このとき，点 A，B，C における位置水頭，圧力水頭，全水頭の分布を図示せよ．また，定水位差を与えた状態で水槽から溢れる 1 分間の流量を測ったら 24.0 mL であった．このときの透水係数を求めよ．
　（ii）同じ試験装置で土試料を変えて実験を行った．上からの水の供給を停止すると，点 A にあった水面が 3 cm 下の点 P まで低下し，そのときの時間は 1 分かかった．このときの透水係数を求めよ．

図 A

5.3　土粒子の密度 2.64 g/cm³ の砂がある．ゆる詰めの間隙率 45 ％のときと密詰めの間隙率 37 ％のときの限界動水勾配を求めよ．

5.4　図 B において奥行き 300 m の

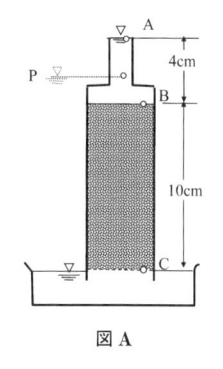

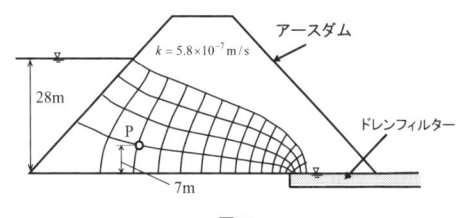

図 B

1日あたりの浸透流量を求めよ．また，点Pでの間隙水圧を求めよ．ただし，水の単位体積重量を $\gamma_w = 9.8\,\mathrm{kN/m^3}$ とする．

参考文献
1) 地盤工学会「土質試験の方法と解説」改訂編集委員会編：土質試験の方法と解説（第1回改訂版），pp.84-85，地盤工学会，2000．
2) 地盤工学会不飽和地盤の挙動と評価編集委員会編：不飽和地盤の挙動と評価，p.94，地盤工学会，2004．

6 圧 密

　土は，土粒子の骨格形成において間隙を有している．一般的に地盤沈下につながる問題を引き起こす地層は，地下水位以下にあり，間隙の大きな粘土地盤であることが多い．粘土地盤は透水係数が低く，骨格の移動に伴う水の排出には多くの時間を有する．また，同時に沈下量も極めて大きいことから，周囲を海に囲まれ，軟弱地盤が広く堆積しているわが国では，海上空港や人工島などの建設工事において大きな問題となる．このように地盤の応力の変化により，間隙からの水の排出を伴いながら時間の経過とともに地盤が沈下する現象を「圧密」と呼んでいる．そこで，本章では圧密現象を工学的に捉える．

浚渫土砂による埋立て工事の様子

6.1 圧縮と圧密の違い

　ある物体に任意の大きさの圧縮力を加えたとき，物体はその力の作用方向に変位を生じる．この変位する現象を一般に**圧縮**と呼ぶ．図 6.1 に示すように土に圧縮力を加えると土の状態と変形の状況により 2 種類の圧縮現象が生じる．
　砂のような透水性のよい材料においては，圧縮が瞬時に終了しその量も小さい．したがって，機械的な繰返しの力によって間隙を小さくする締固めには，一

土に圧縮力が加わる ⟹ 圧縮（力の方向に縮む）

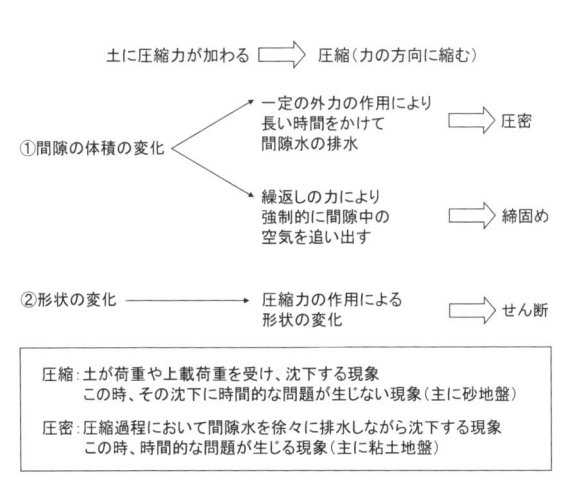

① 間隙の体積の変化
　・一定の外力の作用により長い時間をかけて間隙水の排水 ⟹ 圧密
　・繰返しの力により強制的に間隙中の空気を追い出す ⟹ 締固め

② 形状の変化 → 圧縮力の作用による形状の変化 ⟹ せん断

圧縮：土が荷重や上載荷重を受け，沈下する現象
　　　この時，その沈下に時間的な問題が生じない現象（主に砂地盤）
圧密：圧縮過程において間隙水を徐々に排水しながら沈下する現象
　　　この時，時間的な問題が生じる現象（主に粘土地盤）

図 6.1 圧縮と圧密の違い

般に粘土分の多い試料に比べ砂質材料のほうがその効果がみられ，土の強さは増加する．ところが，粘土のような透水係数の低い材料では，間隙中からの水の移動は緩慢で，排水にかなりの時間を要し，圧縮量は大きい．このように間隙水が排水されて圧縮する現象を**圧密**という．一方，圧縮力が加わると土自体の形状・体積が変化し，土中にせん断変形が生じ，締固めや圧密と違って土の強さが減少する．

特に，粘土層の圧密量は，土の塑性指数 I_p と土の粒度分布から圧密しやすさを予測することができる．塑性指数が 25 以上，砂分が 50% 以下の土は圧密層，塑性指数が 5 以下，砂分が 80% 以上の土は非圧密層であることが知られている．

6.2 圧密現象を捉える

6.2.1 地盤モデルによる圧密現象の説明

図 6.2 に示すような，飽和した粘土を容器の中に入れ，その上部に水を通す透水性のよい多孔質の石（ポーラスストーン）を載せて，荷重 p を加える．ここで，容器の側壁は剛で，横方向に変位が生じないものとする．したがって，粘土には荷重方向に一次元的な変形（体積収縮）が生じる．この変形は，荷重を載せた途端に起こるのではなく，粘土の中から水が搾り出されて，時間とともに進行し続け，最後には沈下が収束する．次に**テルツァギー**のモデルを使って荷重 p を加えたときのメカニズムを説明する（図 6.3）．図 6.3 のモデルにはバネが設けられ，有孔板を支える役割がある．スポンジは膨張または収縮する土の骨格構造を表している．容器の中の水は土の中にある間隙水を表しており，間隙水は有孔板に開けられた小さな孔を通して，容器の外に出ることができる．この孔の大

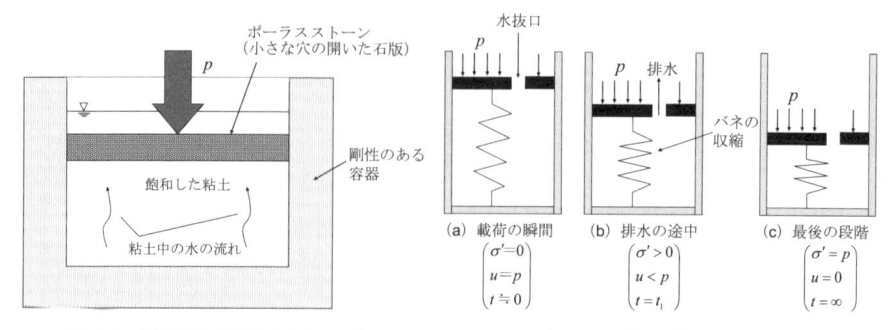

図 6.2 飽和粘土の圧密のメカニズム

図 6.3 一次元圧密のモデル化

(a) 載荷の瞬間
$\begin{pmatrix} \sigma' = 0 \\ u = p \\ t = 0 \end{pmatrix}$

(b) 排水の途中
$\begin{pmatrix} \sigma' > 0 \\ u < p \\ t = t_1 \end{pmatrix}$

(c) 最後の段階
$\begin{pmatrix} \sigma' = p \\ u = 0 \\ t = \infty \end{pmatrix}$

表 6.1 圧密現象

	(a) 荷重載荷直後	(b) 排水の途中	(c) 最後の状態
ピストン内の状況	荷重 p はすべて有孔板内にある水へ伝達され，すべて水圧（間隙水圧）が外荷重を受けもつ	荷重 p はバネと水に伝達され，バネ（有効応力）と水圧（間隙水圧）が外荷重を受けもつ	荷重 p はバネのみに伝達され，すべてバネ（有効応力）が外荷重を受けもつ
水の排水	排水しない	排水が，断続的に生じる	水は排水されない
バネの変位	生じない	排水量に応じて体積変化が生じたぶん有孔板に変位が生じる	外荷重 p に応じたぶん縮み，一定値に収束
応力状態	全応力　：$\sigma=p$ 有効応力：$\sigma'=0$ 間隙水圧：$u=p$	全応力　：$\sigma=p$ 有効応力：$\sigma'>0$ 間隙水圧：$u<p$	全応力　：$\sigma=p$ 有効応力：$\sigma'=p$ 間隙水圧：$u=0$

きさは土の透水性を表している．また，土粒子構造（骨格）に伝わる力は有効応力である．有効応力はバネに伝えられるものとし，バネまたは有孔板の変位は，土の鉛直ひずみを表している．表 6.1 に図 6.3 に示すモデルの時間経過に伴う状態を示す．

表 6.1 に示している圧密が進行しているときの①**全応力** σ，②**間隙水圧** u，③**有効応力** σ'，および④**鉛直ひずみ** ε の経時的な変化を図 6.4 に示す．ここで，間隙水圧 u と有効応力 σ' を加えたものが全応力 σ であり，荷重 p に等しく，式 (6.1) の関係が常に成り立っている．

$$\sigma = \sigma' + u \quad (6.1)$$

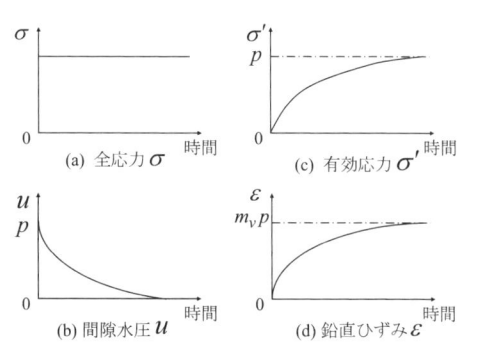

図 6.4 圧密による応力，間隙水圧，ひずみの径時変化[1]

また，圧密によって生じるひずみ ε は，バネに伝達された荷重（有効応力 σ'）とバネ定数 m_v で決まるので，

$$\varepsilon = m_v \sigma' \quad (6.2)$$

なる関係が成り立つ．ここで，m_v とは**体積圧縮係数**と定義され，バネ定数に相当するものである．

6.2.2 物理量による粘土の圧縮性の表現

一般に粘土層は，粘土粒子が河川などから長い時間をかけて河床や海底に運搬・堆積し形成される．堆積粘土層の圧密が進行していく過程を模式的に描いたものが図 6.5 である．この堆積粘土層の地点 A の状態について考えてみる．

①堆積が始まった時点： 地点 A の土はふわっとした状態で非常に大きな間隙をもっている状態にある．

②堆積進行中： 堆積が進行すると，地点 A の上部に堆積する土の重量で圧密が生じる．

③堆積終了時点： 堆積が進行し，さらに長い年月が経過するとともに圧密が終了して粘土層が形成される．

そこで，粘土地盤の形成過程を図 6.6 に示すような大きな間隙をもつ粘土層の粘土要素に荷重を加えたときの現象を土の物理量を用いて考える．ここで考えるのは，初期荷重 p_0 が作用している断面積が A，初期高さ h_1，初期体積 V_1 の土要素に，Δp の荷重が作用する場合である．このとき，この荷重により圧密が生じ，土要素は，Δh 圧縮され，間隙比が e_1 から e_2 に変化し，要素の高さが h_2 になったとする．このとき，間隙比の減少は，一次元的に高さのみの変化で生じるとする．また，圧密開始前は，鉛直ひずみ ε のかわりに間隙比 e を用いて表現する．荷重が p_0 のときの土の間隙比を e_1 とすると図 6.6 (a) に示すように，全体の体積は，$(1+e_1)V_s$ となる．ここで，V_s は土粒子部分の体積である．

次に荷重 Δp により圧密が終了した後は，圧密によって体積収縮が生じる．この体積変化は，要素の間隙部分体積変化によるものである．ここで，このときの間隙比の変化を Δe とすると，要素全体の体積は，図 6.6 (b) のように $\Delta e \cdot V_s$ だけ収縮したことになる．したがって，鉛直ひずみの変化量 $\Delta \varepsilon$ は，

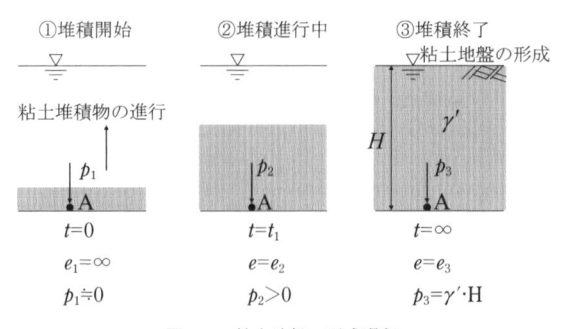

図 6.5 粘土地盤の形成過程

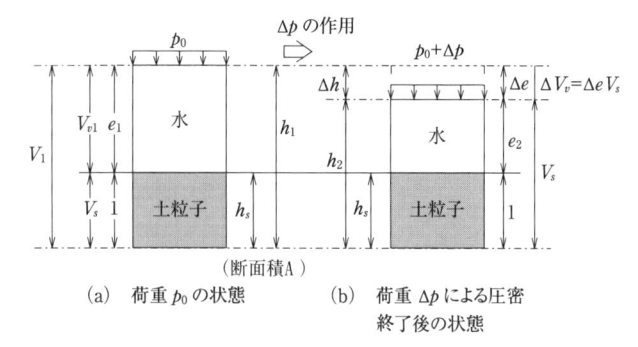

図 6.6 圧密に伴う間隙比の変化の様子

$$\Delta \varepsilon = -\frac{\Delta e}{1+e_1} \tag{6.3}$$

となる．ここで，右辺のマイナス記号は，鉛直ひずみの変化量 $\Delta \varepsilon$ が収縮したときをプラスととるのに対し，間隙比の変化量は，その定義から膨張量をプラスとするためである．この式 (6.3) を用いることにより，図 6.7 (a)，(b) に示すように荷重増加に伴う鉛直ひずみを間隙比で表すことが可能となる．このとき，$\Delta \varepsilon$ は有効応力の変化 Δp によって生じたものであるから，両者の関係は，

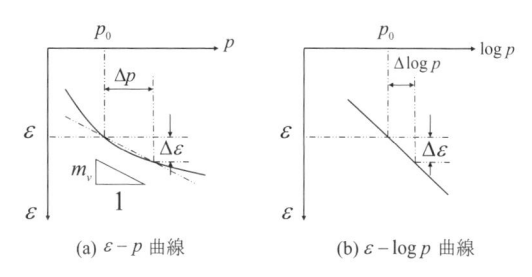

図 6.7 圧密応力と圧縮ひずみの関係

$$m_v = \frac{\Delta \varepsilon}{\Delta p} = \frac{-1}{1+e_1}\frac{\Delta e}{\Delta p} \quad (\text{m}^2/\text{kN}) \tag{6.4}$$

となる．ここで，一般に m_v は体積圧縮係数と呼ばれ，荷重 p の大きさによって変化することが知られているので，微分の形で表すほうが適当である．

また，式 (6.4) は，

$$a_v = m_v(1+e_1) = \frac{-\Delta e}{\Delta p} \quad (\text{m}^2/\text{kN}) \tag{6.5}$$

と表すこともできる．ここで，a_v は**圧縮係数**と呼ばれ，図 6.8 (a) の e-p 曲線の勾配を表している．

(a) e-p 曲線

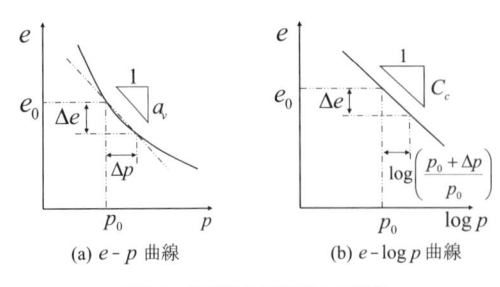

(b) e-$\log p$ 曲線

図6.8 間隙比と圧密応力の関係

一方，圧密荷重の変化量は一般に大きいので，圧密荷重の対数表示 $\log p$ と土の間隙比の変化量を図6.8 (b) に表す．両者の関係は，e-$\log p$ 曲線と呼ばれている．このとき，増加荷重 Δp に対する間隙比の変化量は，

$$C_c = \frac{-\Delta e}{\log\left(\frac{p_0 + \Delta p}{p_0}\right)} \tag{6.6}$$

となる．ここで C_c は**圧縮指数**と呼ばれており，荷重の大きさに無関係に，ほぼ一定値をとることが知られている．

6.2.3 テルツァギーの圧密理論

図6.9に示すように，飽和した粘土層が上部の砂層と下部の不透水層（透水性が非常に悪い土の層）の間に存在していることとする．この地盤の表面に，盛土や建物によって，荷重 p が加わって圧密が始まるとする．粘土層の厚さに比べて，この載荷荷重の幅が十分広い場合には，地表面の荷重がそのまま一様に粘土層に伝えられると土要素内の水が鉛直方向に排水し，その分だけ体積収縮が起こり，どこの鉛直断面においても圧密現象が起きる．圧密は，図6.9でみるように，砂層のある排水層に近い表面付近の粘土要素から始まることになる．そして，徐々に時間を要しながら粘土層内部へと進み，粘土層の最下部が最も遅れて圧密する．つまり，圧密現象は，時間の関数であるばかりではなく，場所の関数となる．

テルツァギーは，この圧密現象を時間 t と場所 z の関数として数学的に表した．

ここで，**テルツァギーの基礎方**

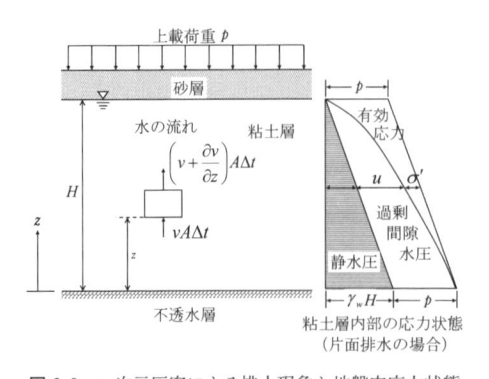

図6.9 一次元圧密による排水現象と地盤内応力状態

程式を得るためにいつくかの仮定を設けている．

- 粘土の透水係数 k，体積圧縮係数 m_v は圧密中一定である．
- 間隙水の流れは鉛直方向のみでダルシーの法則が成り立つ．
- 間隙は水で飽和されている．
- 粘土の変形は弾性的な挙動をする．

このような仮定のもと，微小部分の間隙水の変化量が土の圧縮量に等しいということから，この関係を過剰間隙水圧の関係に置き換え，次のような**熱伝導型**の圧密方程式を導いた．

$$\frac{\partial u}{\partial t} = \frac{k}{m_v \gamma_w} \frac{\partial^2 u}{\partial z^2} \tag{6.7}$$

ここで，c_v を式（6.8）として定義すると式（6.7）は式（6.9）になる．

$$c_v = \frac{k}{m_v \gamma_w} \quad (\mathrm{m^2/day}) \tag{6.8}$$

$$\frac{\partial u}{\partial t} = c_v \frac{\partial^2 u}{\partial z^2} \tag{6.9}$$

この式が，テルツァギーによって導かれた**圧密方程式**であり，c_v は**圧密係数**と呼ばれている．式（6.9）の偏微分方程式に圧密される土層の1個の初期条件と2個の境界条件のもとで解くと，時間経過に伴う粘土層全体の間隙水圧や体積収縮が深さ方向に変化する様子を知ることができる．ここでは，圧密方程式の解法については省略するが，一般的には，その解は，式（6.10）で与えられる．

表 6.2 時間係数 T_v と圧密度 U の関係

T_v	U (%)	T_v	U (%)	T_v	U (%)
0.005	7.98	0.20	50.41	0.60	81.56
0.01	11.28	0.25	56.22	0.70	85.59
0.02	15.96	0.30	61.32	0.80	88.74
0.04	22.57	0.35	65.82	0.90	91.20
0.06	27.64	0.40	69.79	1.00	93.13
0.08	31.92	0.45	73.30	1.50	98.00
0.10	35.68	0.50	76.40	2.00	99.42
0.15	43.69	0.55	79.13	3.00	99.95

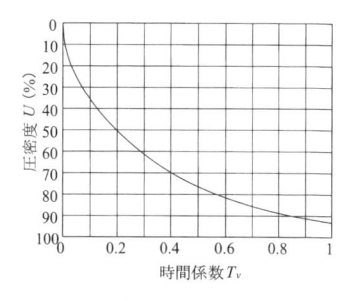

図 6.10 時間係数 T_v と圧密度 U の関係

(a) 両面排水	(b) 片面排水
透水層（砂質土層） ↕ H' H ↕ 粘土層 ↕ 透水層 最大排水距離は粘土層 中央部から透水層まで $H' = \dfrac{1}{2}H$	透水層 ↑ H' H ↑ ↑ 不透水層（岩盤など） 最大排水距離は粘土層 最下部から透水層まで $H' = H$

図 6.11 排水距離 H' のとり方

表 6.3 圧密度 U と時間係数 T_v の関係

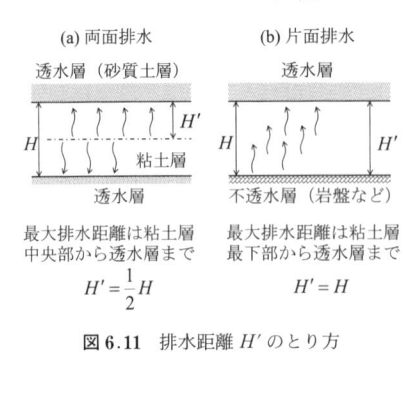

U (%)	T_v
10	0.008
20	0.031
30	0.071
40	0.126
50	0.197
60	0.287
70	0.403
80	0.567
90	0.848

$$U = f(T_v) = 1 - \sum_{m=0}^{\infty} \frac{2}{M^2} \exp(-M^2 T_v) \tag{6.10}$$

$$M = \frac{\pi}{2}(2m+1) \quad m = 0, 1, 2, 3, 4, \cdots$$

ここで U とは**圧密度**と呼ばれ，圧密の進行度合いを示すものであり，理論的な圧密終了を100％としたときの時間的な圧密の進行を表し，T_v とは**時間係数**と呼ばれる．また，式(6.10)の圧密度 U と時間係数 T_v の関係は，T_v の値を任意に順に与えていくことで，表6.2のように得られ，この関係を図示すると図6.10のように示される．ここで，T_v は式(6.11)の関係で定義したものである．

$$T_v = \frac{c_v}{(H')^2} t \tag{6.11}$$

ここに，H'：粘土層の排水距離，t：圧密時間である．特に**排水距離 H'** は，図6.11に示すように，両面排水の場合は，粘土層圧の半分 $H/2$ となり，片面排水の場合は，粘土層厚の H となる．

6.2.4 圧密時間の推定

ある粘土層の圧密時間の推定について考える．この粘土層の粘土の圧密係数 c_v を圧密試験によって求め，粘土層の排水距離 H' が決まれば，圧密時間 t は，式(6.12)により時間係数 T_v によって決定することができる．

$$t = \frac{T_v (H')^2}{c_v} \tag{6.12}$$

式 (6.12) からわかるように，圧密時間の計算において排水距離は2乗の形で影響することがわかる．ここで，時間係数 T_v は，図6.10に示された圧密度 U と T_v の理論的な関係から，圧密度 U に対する T_v が与えられる．また，圧密度 U を指定すれば図6.10で求められた圧密度 U と T_v の理論的な関係（表6.3）から，その圧密度 U に至る T_v が与えられ，式 (6.12) で圧密時間が求められることになる．したがって，任意の圧密度 U を与えると，時間 t が計算できるため圧密の進行の時間的な経過が明らかとなる．ここで圧密度 U は式 (6.13) で表されるように過剰間隙水圧の変化から求められる．またこの圧密度 U は，粘土層全体の平均的な圧密度とする．また圧密進行中の圧密沈下量から圧密度を定めると式 (6.14) になる．

$$U = \frac{u_0 - u_t}{u_0} \times 100 \quad (\%) \tag{6.13}$$

ここで，u_0, u_t：初期および時間 t が経過したときの粘土層全体の平均的な過剰間隙水圧である．

$$U = \frac{S_t}{S_f} \times 100 \quad (\%) \tag{6.14}$$

ここで，S_t, S_f：時間 t が経過したときおよび最終の圧密沈下量である．

6.3 圧密試験

　前述した圧密理論から，粘土層における圧密の進行を数学的に表現できることが示された．そして，時間係数，圧密係数および粘土層厚から圧密に要する時間を計算できることがわかった．この中で最も重要なことは，圧密の進行が粘土層の厚さ H の2乗に反比例していることである．例えば，厚さが2 cmと20 mの粘土層では，100万倍の時間の差が生じることになる．しかしながら，圧密理論では，粘土層の厚さによらず成り立つことより，現場の沈下特性の予測は，現場から乱さないで採取した小さな粘土試料を用いて室内の圧密試験結果を用いて行われる．すなわち，圧密の進行を予測する時間短縮に大いに役立つことになる．標準的な圧密試験は，採取した乱さない試料を直径6 cm，高さ

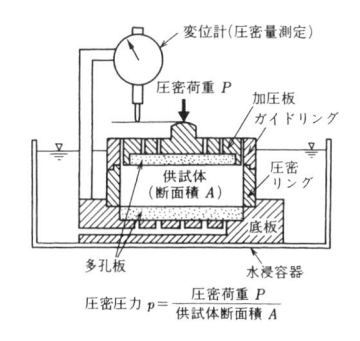

図6.12 圧密試験装置の概要[2]

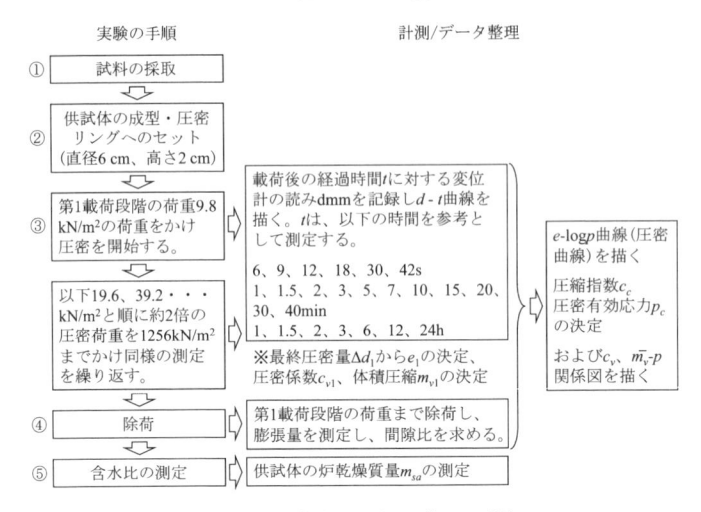

```
         実験の手順                    計測/データ整理

  ① ┌─────────────┐
    │  試料の採取   │
    └─────────────┘
         ↓
  ② ┌─────────────────┐
    │ 供試体の成型・圧密 │
    │ リングへのセット   │
    │ (直径6cm、高さ2cm) │
    └─────────────────┘
         ↓
  ③ ┌─────────────────┐   ┌──────────────────────┐
    │ 第1載荷段階の荷重9.8│   │載荷後の経過時間tに対する変位│
    │ kN/m²の荷重をかけ  │   │計の読みdmmを記録しd-t曲線を│
    │ 圧密を開始する。   │   │描く。tは、以下の時間を参考と│   ┌──────────────┐
    └─────────────────┘   │して測定する。              │   │e-logp曲線(圧密 │
         ↓              │ 6、9、12、18、30、42s      │   │曲線)を描く    │
    ┌─────────────────┐   │ 1、1.5、2、3、5、7、10、15、20、│⇒ │圧縮指数cc     │
    │以下19.6、39.2···  │   │ 30、40min                │   │圧密有効応力pc │
    │kN/m²と順に約2倍の │   │ 1、1.5、2、3、6、12、24h  │   │の決定         │
    │圧密荷重を1256kN/m²│   │※最終圧密量Δd₁からe₁の決定、 │   │およびcv、mv-p │
    │までかけ同様の測定 │   │圧密係数cv1、体積圧縮mv1の決定 │   │関係図を描く   │
    │を繰り返す。      │   └──────────────────────┘   └──────────────┘
    └─────────────────┘
         ↓
  ④ ┌─────────────┐   ┌──────────────────┐
    │   除荷       │   │第1載荷段階の荷重まで除荷し、│
    └─────────────┘   │膨張量を測定し、間隙比を求める。│
         ↓           └──────────────────┘
  ⑤ ┌─────────────┐   ┌──────────────────┐
    │ 含水比の測定  │   │供試体の炉乾燥質量msaの測定│
    └─────────────┘   └──────────────────┘
```

図 6.13 圧密試験のデータ整理の手順

2 cm の円板形の供試体に成型し，図 6.12 に示すような側方が拘束された圧密リングに入れて鉛直荷重を加えて行う．供試体の上下面は多孔板（ポーラスストーン）と接しており，上下両面より間隙水が自由に排水できるようになっている．したがって，沈下前の排水長 H' は 1 cm である．

実験は，試料容器全体を最初の載荷直後に水浸させ，飽和状態を保ちながら行う．圧密荷重は，段階的に増加させて行うが，一般的に 9.8，19.6，39.2，…というように，前荷重の倍の荷重を加えていき，通常は 1256 kN/m² まで載荷を最終段階とする実験が標準的に行われる．各荷重段階では，定められた経過時間ごとの圧密沈下量を測定し，通常 24 時間経過後の圧密沈下量をその荷重に対する最終圧密沈下量とする．そして，最終段階の試験が終了したら，一気にあるいは 2 回に分けて荷重を除去し，吸水膨張させる．この一般的な段階載荷による圧密試験の手順とデータ整理の手順を図 6.13 に示す．

6.3.1 圧密係数 c_v の決定法

それぞれの荷重段階における沈下量-時間曲線から，所定の圧密度に達するに必要な時間 t を選定し，式 (6.12) を変化した式 (6.15) から圧密係数 c_v を求めることができる．

$$c_v = \frac{T_v(H')^2}{t} \tag{6.15}$$

一般的には，圧密度 U が 50％または 90％になるのに要する時間 t_{50} または t_{90} を用いる．それぞれの時間は，**$\sqrt{t}$ 法**や**曲線定規法**により求める．そこで，この2つの方法について説明する．

a． $\sqrt{t}$ 法

各荷重段階で得られる圧密量と時間の関係を図 6.14 に示すように縦軸に沈下量（ダイヤルゲージの読み）d と横軸 $\sqrt{t}$ に対してプロットする．次に図 6.14 に示すように曲線の初期直線部分の 1.15 倍の勾配をもつ直線と曲線の交点を求める．この点から $U=90\%$ の圧密時間 t_{90} と沈下量 d_{90} が与えられることになる．それぞれの荷重段階で得られる t_{90} から，式 (6.16) により圧密係数 c_v の値を求めることができる．

$$c_v = \frac{0.848(H')^2}{t_{90}} \tag{6.16}$$

ここで，H' は，圧密試験の供試体の厚さの半分である．試験開始時は，試料中の気泡の圧縮やろ紙の圧縮により，急な沈下が生じる．そこで，初期直線部分を逆方向に延長し，縦軸との交点を初期補正値 d_0 とし，d_{90} とを用いれば，比例配分により 100％の圧密を生じる沈下量 d_{100} を求めることができる．この d_{100} までの沈下を**一次圧密**と呼んでおり，これ以降の沈下を**二次圧密**と呼んでいる．

b． 曲線定規法

図 6.15 に示すように沈下量（ダイヤルゲージの読み）d と圧密時間 t を対数目盛りにとって d-$\log t$ 曲線をプロットする．次に d-$\log t$ 曲線を描いたものと同じ長さの log サイクルに描いた曲線定規を d-$\log t$ 曲線上に当てて上下左右に平行移動し，d-$\log t$ 曲線の初期部分を含み最も長い範囲で一致する曲線を選ぶ．曲線定規の理論圧密度 0％にあたる変位計の読みを d_0 とし，先に選んだ曲線から t_{50} と d_{100} を求める．

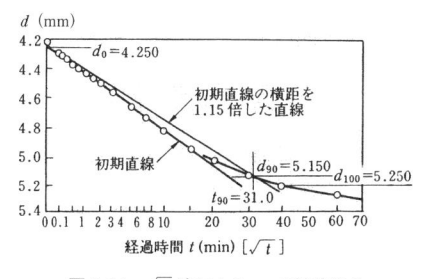

図 6.14 $\sqrt{t}$ 法による c_v の決定法[2]

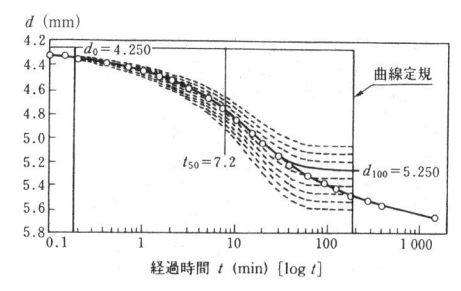

図 6.15 曲線定規法による c_v の決定法[2]

6.3.2 体積圧縮係数 m_v と圧縮指数 C_c の決定法

圧密試験では，圧密時間を計算するのに必要な圧密係数 c_v を求めると同時に圧密量を求めるのに必要な**間隙比** e，体積圧縮係数 m_v または圧縮指数 C_c を求めることができる．

各荷重段階における供試体の間隙比の変化量は，式 (6.3) を用い，荷重増加に伴う間隙比の変化と供試体の高さ変化（ひずみ）の関係から求めることができる．

体積圧縮係数 m_v は，式 (6.4) で示したように，圧縮ひずみ ε と増加圧力 Δp との比で与えられる．各荷重段階でひずみ ε を計算する場合の供試体高さは，その荷重段階の平均高さを用い，各荷重段階ごとで m_v を求めることができる．

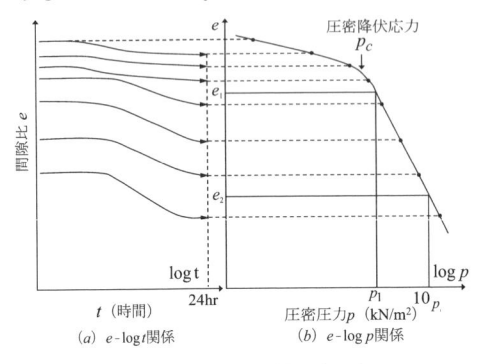

図 6.16 e-$\log p$ 曲線の求め方

圧縮指数 C_c は，6.3.2 項で説明した図 6.16 に示すように各荷重段階で求められる最終段階の間隙比と，そのときの荷重の関係を対数目盛り（横軸）にプロットして得られる圧密曲線の直線部分の勾配（式 (6.5)）で求めることができる．

6.3.3 圧密降伏応力と正規圧密・過圧密

原位置の粘土層から乱さない状態で試料を採取し，室内の圧密試験を行い，圧密曲線 (e-$\log p$) を描くと図 6.17 (a) のような曲線が得られることは 6.4.2 項で述べた．荷重の初期載荷段階において C→D で示されるような圧縮性の小さい部分がみられる．さらに荷重を増加させると D→E のように圧縮性の大きくなる部分が現れる．次に点 E から荷重を除荷すると試料は膨張するが元には戻らず，不可逆的な挙動を示す．もう一度載荷すると，E→F→G という曲線を描く．さらに載荷を続けると D→E とほぼ同じ勾配（圧縮性）で大きく変形を始める．ここで，この挙動をよくみてみる．点 E で除荷し，再載荷された粘土の圧縮挙動 F→G は，初期載荷段階の C→D によく似ていることがわかる．初期載荷段階と再載荷の圧縮挙動が似ていることは，原位置から粘土試料をサンプリングした際に，応力開放によって膨張を起こした試料を再び室内での圧密試験で膨張状態から圧縮しているものと理解できる．原位置での自然環境の変化に

6.3 圧密試験

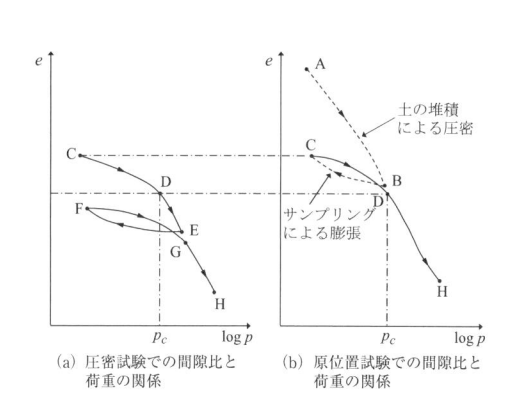

図 6.17 粘土の圧密曲線の特徴
(a) 圧密試験での間隙比と荷重の関係
(b) 原位置試験での間隙比と荷重の関係

図 6.18 圧密降伏応力（先行圧密応力の決定法；三笠法）[2,3]

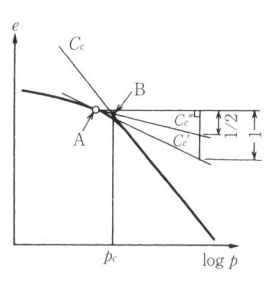

1. 得られた $e\text{-}\log p$ 曲線の C_c から $C_c' = 0.1 + 0.25\,C_c$ を計算し，C_c' の勾配を有する直線が $e\text{-}\log p$ 曲線と接する接点 A を求める．
2. 点 A を通って $C_c'' = C_c'/2$ なる勾配の直線を引き，この直線と C_c を求めた直線の延長との交点 B を求める．
3. 交点 B の横座標で $p_c\,(\mathrm{kN/m^2})$ が与えられる．

よる地盤に対する載荷や除荷の現象を対応つける $e\text{-}\log p$ 曲線を図 6.17（b）に示す．

図 6.17（a）において，点 D を超えると間隙比の急激な減少とともに圧密曲線に大きな変化がみられる．材料の降伏現象に似ているというこの曲線の特徴から，このときの応力を一般に**圧密降伏応力** p_c という．あるいは過去に受けた最大荷重であるため**先行圧密応力**ともいう．圧密降伏応力 p_c は，圧密試験の結果から一般には図 6.18 に示す**三笠法**により求めることができる．

粘土は圧密荷重の載荷・除荷によって，不可逆的な挙動を示す．また過去に受けた最大荷重より大きな荷重を受けると沈下は増し沈下量は大きくなる．しかし，最大荷重より小さい場合は，ほとんど沈下しない．このように過去に受けた最大荷重に比べ現在受けている荷重が等しいか大きい場合を**正規圧密状態**といい，小さい場合を**過圧密状態**という．さらに各状態の粘土を正規圧密粘土，過圧密粘土という．また，過圧密粘土が今までに受けた最も大きな荷重に対し，現在受けている荷重との比を，過圧密比（OCR）とし，式（6.14）で求められる．

$$OCR = \frac{p_c}{p_0} \tag{6.17}$$

ここで，OCR：過圧密，p_c：圧密降伏応力，p_0：現在の圧密荷重である．

6.4 現場での沈下現象を捉える

ここでは，実際の現場における地盤の圧密沈下量や圧密（沈下）時間を室内圧密試験の結果から予測する方法を説明する．

6.4.1 圧密沈下量を求める

テルツァギーの圧密理論では，室内で行う小さな圧密供試体で起こる圧密現象と同じことが実際の地盤でも生じていると考える．図6.19に室内試験の供試体と現場との対応を示す．この図には圧密荷重の作用によって粘土が圧密している様子が示されている．圧密試験で測定された供試体のひずみ量 $\Delta\varepsilon$ は，式（6.3）で示した間隙比の変化量の計算に使われ，さらにこの間隙比の変化量から地盤の沈下量を求めることができる．以下に沈下量を求める3つの方法をまとめる．

a. e-$\log p$ 法

室内試験の供試体では，ひずみ量に供試体の高さ h をかけることにより，沈下量を求めることができるので，供試体の高さ h を粘土地盤層の厚さ H に置き換えることで地盤の沈下量の算出ができる．e-$\log p$ 法では，圧密試験から求まる圧密曲線（e-$\log p$ 曲線）から圧密荷重 p の変化に対する間隙比の変化量を直接読み取り，式（6.3）から沈下量を計算する．

$$S = \frac{\Delta e}{1+e_1} H = \frac{e_1 - e}{1+e_1} H \tag{6.18}$$

ここで，e_1：圧密前の間隙比，e：圧密後の間隙比である．

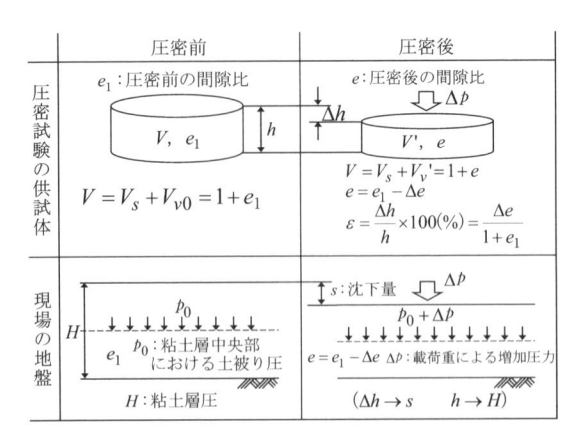

図6.19 室内試験の供試体の様子と現場との対応

b. C_c 法

C_c 法は,室内圧密試験より式 (6.6) で与えられる圧縮指数 C_c を式 (6.3) に代入して沈下量を求める方法で,式 (6.19) より沈下量が計算できる.

$$S = \frac{C_c}{1+e_1} H \log_{10} \frac{p_0 + \Delta p}{p_0} \tag{6.19}$$

ここで,初期圧密荷重 p_0 と増加圧密荷重 Δp は,図 6.19 に示すように対象とする粘土層中央面におけるものである.

c. m_v 法

m_v 法は,室内圧密試験より式 (6.4) で与えられる体積圧縮係数 m_v を式 (6.3) の関係に代入して求める方法で,式 (6.20) により沈下量を求める.

$$S = m_v \Delta p H \tag{6.20}$$

6.4.2 圧密沈下時間を求める

最終圧密沈下量 S($t \to \infty$ での圧密沈下量)は,6.5.1 項で述べたようにテルツァギーの圧密理論に関係なく,室内の圧密試験の結果を用いて求められる.これに対し,その圧密沈下量 S に至る沈下の時間的な進行(圧密沈下量 S と時間 t 関係)は,6.3.3 項で述べたテルツァギーの圧密理論に基づいて式 (6.12) により求められる.圧密試験結果から計算に必要な圧密係数 c_v が各荷重段階で定められ,現場の荷重条件からその代表値を決定する.また,現場の粘土層の最大排水距離 H' を決定することにより計算することができる.

任意の圧密度 U (%) に達するのに要する時間 t は次の順序で求める.
① 任意の圧密度 U に対する時間係数 T_v を図 6.10 より求める.
② 地盤条件より粘土層の排水距離 H' を決める(図 6.11).
③ 式 (6.12) で時間 t を求める.

演 習 問 題

6.1 次の問に答えよ.
 (i) 厚さ 7 m の粘土層がある.この粘土層の間隙比が圧密することにより $e_0 = 2.10$ から $e = 1.75$ に変化した.沈下量は何 m か.
 (ii) 内径 6 cm,高さ 2 cm の飽和粘土の供試体に載荷重 78.4 kN/m² を加えて圧密したところ供試体の高さは 1.75 cm となった.この粘土供試体の初期間隙比 e_0,圧密後の間隙比 e を求めよ.また,この試料の体積圧縮係数 m_v を求めよ.

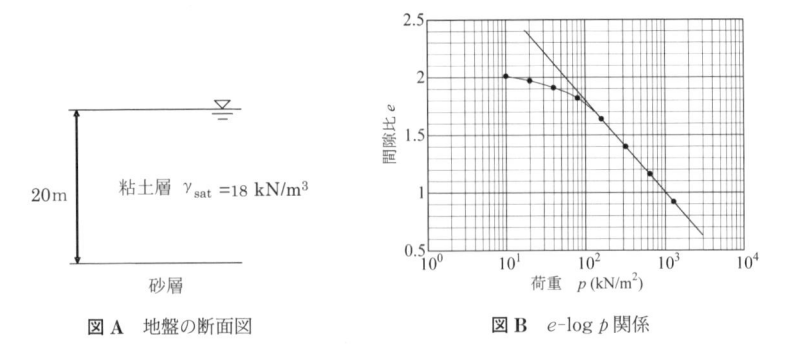

図A 地盤の断面図 粘土層 $\gamma_{sat}=18\,\text{kN/m}^3$, 20m, 砂層

図B $e\text{-}\log p$ 関係

ただし，土粒子の密度は $\gamma_s=2.64\,\text{g/cm}^3$，試料の乾燥重量は $40.3\,\text{g}$ とする．

6.2 図Aに示す粘土地盤に単位面積あたり $100\,\text{kN/m}^2$ の荷重を載荷することになった．この工事に先立ち沈下予測を行うために，粘土層中央部よりサンプリングを行い圧密試験を行った結果，図Bの $e\text{-}\log p$ 関係を得た．以下の問いに答えよ．なお，圧密度 $U=50\%$ に対する時間係数は $T_v=0.197$，圧密度 $U=90\%$ に対する時間係数は $T_v=0.848$ である．

（ⅰ）圧密前の粘土層中央部での有効応力を求めよ．
（ⅱ）圧縮指数 C_c および圧密前の間隙比 e_0 を求めよ．
（ⅲ）粘土層の最終沈下量 S_c を C_c 法で求めよ．
（ⅳ）圧密試験では圧密度 90% に達するまでに 5.0 分の時間を要した．圧密係数 C_v を求めよ．ただし，試験は両面排水条件で行い，高さ $2\,\text{cm}$ の供試体を用いた．
（ⅴ）図Aに示す粘土地盤が圧密度 50% に達するまでの日数 t_{50} と 90% に達するまでの日数 t_{90} をそれぞれ求めよ．

参考文献

1) 石原研而：土質力学（第2版），丸善，2001．
2) 地盤工学会「土質試験の方法と解説」改訂編集委員会編：土質試験の方法と解説（第1回改訂版），地盤工学会，2000．
3) 粟津清蔵監修，安川郁夫・今西清志・立石義孝著：絵とき土質力学，オーム社，2000．

7 土のせん断強さ

　地盤工学において最も重要な課題は，地盤がその自重や構造物によって外部から働く外力に対し，壊れない状態を保っているかどうかである．このような性質は力学的性質と深いかかわりあいがあり，土圧や支持力，斜面の安定性評価に必要である．本来，土の内部において外力が加わると土粒子同士の間で，すべりが起きようとする．このすべりが原因の 1 つとなって土は変形する．同時に土粒子間には，すべり変形が生じないように抵抗する力が働き，この力が土のせん断抵抗である．土のせん断抵抗力はせん断試験によって調べられ，土圧や支持力などの基礎の設計や斜面安定計算に役立てられる．

7.1 応力成分

　図 7.1 には水平な地表面をもつ地盤の中の土の要素が描かれ，地表面には基礎構造物を想定した外力が示されている．土要素の 4 つの面には，面に垂直に働く**垂直応力** σ_x, σ_z と，面に平行に働く**せん断応力** τ_{xz} が作用している．ここでは，垂直応力は圧縮側を正とし，せん断応力は反時計回りにモーメントを起こすせん断応力の組（AB 面，CD 面のせん断応力）を正と定義する．$\sigma_z \geqq \sigma_x$ のとき，x 軸に対して反時計回りに α なる角度をもつ面上（BC 面）の垂直応力 σ_a とせん断応力 τ_a を考える．ただしこの面の長さを便宜上 "1" とすると，その結果 AB の長さは $\cos\alpha$，AC の長さは $\sin\alpha$ となる．σ_x, σ_z, τ_{xz} を σ_a 方向，τ_a 方向に分解して力のつりあいを考えると，式 (7.1)，(7.2) のように求めることがで

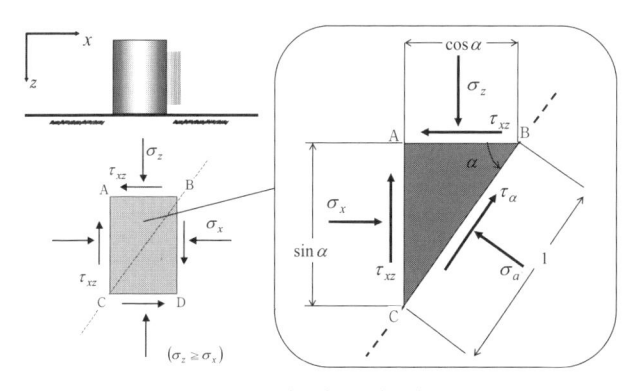

図 7.1　土中の応力と応力成分

きる．

(σ_a 方向のつりあい)

$$\sigma_a \times 1 = (\sigma_z \cos \alpha)\cos \alpha + (\sigma_x \sin \alpha)\sin \alpha - (\tau_{xz} \cos \alpha)\sin \alpha - (\tau_{xz} \sin \alpha)\cos \alpha$$
$$= \sigma_z \cos^2 \alpha + \sigma_x \sin^2 \alpha - 2\tau_{xz} \sin \alpha \cos \alpha \tag{7.1}$$

(τ_a 方向のつりあい)

$$\tau_a \times 1 = (\sigma_z \sin \alpha)\cos \alpha - (\sigma_x \cos \alpha)\sin \alpha + (\tau_{xz} \cos \alpha)\cos \alpha - (\tau_{xy} \sin \alpha)\sin \alpha$$
$$= (\sigma_z - \sigma_x)\sin \alpha \cos \alpha + \tau_{xz}(\cos^2 \alpha - \sin^2 \alpha) \tag{7.2}$$

式 (7.1), (7.2) に 2 倍角の公式 ($\cos^2 \theta = (1 + \cos 2\theta)/2$, $\sin^2 \theta = (1 - \cos 2\theta)/2$, $2\sin \theta \cos \theta = \sin 2\theta$) を使うことで，式 (7.3), (7.4) が導かれる．

$$\sigma_a = \frac{\sigma_z + \sigma_x}{2} + \frac{\sigma_z - \sigma_x}{2}\cos 2\alpha - \tau_{xz}\sin 2\alpha \tag{7.3}$$

$$\tau_a = \frac{\sigma_z - \sigma_x}{2}\sin 2\alpha + \tau_{xz}\cos 2\alpha \tag{7.4}$$

図 7.1 の BC 面に働く応力は α の大きさが変わることによって増減し，α がある値になるとせん断応力 τ_a がゼロとなるような BC がある．せん断応力がゼロで垂直応力のみが作用するこの面は**主応力面**と呼ばれ，その面に働く垂直応力は**主応力**という．主応力面の方向は式 (7.4) において $\tau_a = 0$ とおくことで，σ_z が作用する AB 面から反時計回りに回転した角度の $\tan \alpha$ が式 (7.5) として得られる．

$$\tan 2\alpha = \frac{2\tau_{xz}}{\sigma_x - \sigma_z} \tag{7.5}$$

三角関数の関係 ($\tan \theta = \tan(\theta + \pi)$) から，主応力面がなす角度を α_1 とすると，α_1 に対してさらに，$\pi/2$ 傾いた面も $\tau_a = 0$ を満たすので，α_1 と $\alpha_1 + \pi/2$ の 2 つの面は主応力面であり，主応力面は 2 つ存在することになる．

式 (7.3) の右辺第 2, 3 項を $\cos 2\alpha$ で括る．また $\cos 2\alpha = \pm \sqrt{1/(1 + \tan^2 2\alpha)}$ として α に関する項を $\tan 2\alpha$ で置き換えて，式 (7.5) を代入することにより，主応力面に作用する 2 つの垂直応力 σ_1 と σ_3 が式 (7.6), (7.7) として求められる．

$$\sigma_1 = \frac{\sigma_z + \sigma_x}{2} + \sqrt{\left(\frac{\sigma_z - \sigma_x}{2}\right)^2 + \tau_{xz}^2} \tag{7.6}$$

$$\sigma_3 = \frac{\sigma_z + \sigma_x}{2} - \sqrt{\left(\frac{\sigma_z - \sigma_x}{2}\right)^2 + \tau_{xz}^2} \tag{7.7}$$

σ_1 は最大の垂直応力，σ_3 は最小の垂直応力であり，それぞれ**最大主応力**，**最小主応力**と呼ばれる．また σ_1 と σ_3 が働く面を**最大主応力面**，**最小主応力面**という．

次に，最大主応力 σ_1，最小主応力 σ_3 から任意の方向にある面上の垂直応力とせん断応力を考える．式 (7.3)，(7.4) で示した σ_a と τ_a を求める式を用いて式 (7.8)，(7.9) から求められる．

$$\sigma_a = \frac{\sigma_1 + \sigma_3}{2} + \frac{\sigma_1 - \sigma_3}{2}\cos 2\alpha \tag{7.8}$$

$$\tau_a = \frac{\sigma_1 - \sigma_3}{2}\sin 2\alpha \tag{7.9}$$

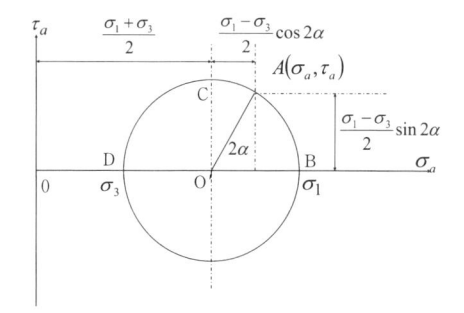

7.2　モールの応力円

2 つの主応力（最大主応力 σ_1，最小主応力 σ_3）がわかれば，最大主応力 σ_1 が作用している面から α の方向をもつ面に作用する垂直応力 σ_a とせん断応力 τ_a は式 (7.8)，(7.9) から求められる．角度 α を消去し，式 (7.8)，(7.9) の 2 式をまとめると式 (7.10) のようになる．

$$\left(\sigma_a - \frac{\sigma_1 + \sigma_3}{2}\right)^2 + \tau_a^2 = \left(\frac{\sigma_1 - \sigma_3}{2}\right)^2 \tag{7.10}$$

式 (7.10) は $x-y$ 座標上の中心 $(a, 0)$ とする半径 r の円の方程式 $(x-a)^2 + y^2 = r^2$ と同じ数式である．よって，中心を $\left(\frac{\sigma_1+\sigma_3}{2}, 0\right)$ とする半径 $\left(\frac{\sigma_1-\sigma_3}{2}\right)$ の円として考えることができる．σ_1 と σ_3 が作用している要素内部の σ_a と τ_a は垂直応力 σ を横軸に，せん断応力 τ を縦軸に表す応力空間の中で円の上にある．この円を**モールの応力円**（図 7.2）という．(σ_a, τ_a) を示すモールの応力円上の点 A と円の中心 $\left(\frac{\sigma_1+\sigma_3}{2}, 0\right)$ を結ぶ線と σ 軸がなす角度は式 (7.8)，(7.9) より 2α とわかり，最大主応力面から α の角度の 2 倍の大きさとなる．よって，モールの応力円を描き，σ 軸と 2α の角度をなす直線を引き，垂直応力の値，せん断応力の軸を読み取ることで任意の面の垂

図 7.2　モールの応力円

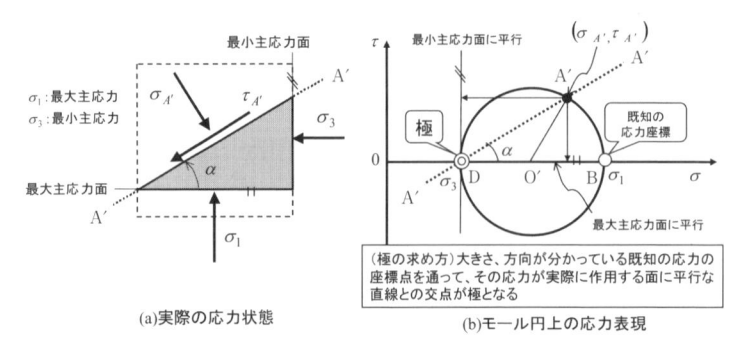

図7.3 最大主応力面から反時計回りに α 傾いた任意の面の応力

直応力とせん断応力がわかる．

モールの応力円は，外力が加わったときに任意の断面の応力（σ と τ）を表すことができる．図7.3 (a) のように主応力が土要素に働いているとする．最大主応力面から反時計回りに α 回転した面（AA面）での応力 σ_A，τ_A をモール円の図から求めことができる．大きさと方向のわかっている既知の応力，例えば最大主応力の座標点（σ_1, 0）を通り，図7.3 (b) の最大主応力面と平行な直線（BD）とモール円の交点である**極**を求める．極が決まれば，求めたい任意の面の応力（σ, τ）は極を通り，その求めたい応力面に平行な直線とモールの交点の座標で表される．例えば，図7.3 (a) の A′A′ 面の応力（$\sigma_{A'}$, $\tau_{A'}$）は図7.3 (b) の極（点D）を通って，図7.3 (a) の A′A′ 面と平行な直線（DA′）とモール円の交点 A′ の座標となる．この任意面の応力の求め方を**用極法**という．ここで図7.3 (b) の ∠BO′A′ は円周角と中心角の関係から図7.2 でも示したように 2α であることがわかる．

7.3 土の破壊規準

外力によって土の構造が乱され，すべりを起こし，抵抗性が失われた状態を規定するものが**土の破壊規準**である．この土の破壊規準を定めておくことで土圧，支持力，斜面の安定の評価を行うことができる．土質材料においては主に**モール・クーロンの破壊規準**によって破壊条件が定められる．

円柱供試体の上下面と側方から最大主応力 σ_1 と最小主応力 σ_3 を加え，**軸差応力**（σ_1 と σ_3 の差）を増しながら軸差応力が最大の値を示したとき，土は破壊状態と考えられ，その最大軸差応力が**土のせん断強さ**である．この結果を $\sigma \sim \tau$ 座

標上にとり，モールの応力円を描く．モールの応力円群のすべてに接するように描いた線を直線としたとき，この直線のことを**モール・クーロンの破壊包絡線**と呼ぶ．この直線の勾配を内部摩擦角 ϕ とし，切片を c とすると，モール・クーロンの破壊包絡線は式 (7.11) で示される．

$$\sigma_1 - \sigma_3 = 2c \cos\phi + (\sigma_1 + \sigma_3)\sin\phi \tag{7.11}$$

モールの応力円とモール・クーロンの破壊規準の関係を図 7.4 に示す．点 A とモールの応力円の中心点とを結ぶ直線 O'A と σ 軸がなす角度 2α は，最大主応力面に対してせん断すべりが起きている面との角度 α の2倍の大きさであることを表している．α と内部摩擦角 ϕ との関係をみると，2α は $\pi/2+\phi$ に等しくなるので，式 (7.12) が得られる．

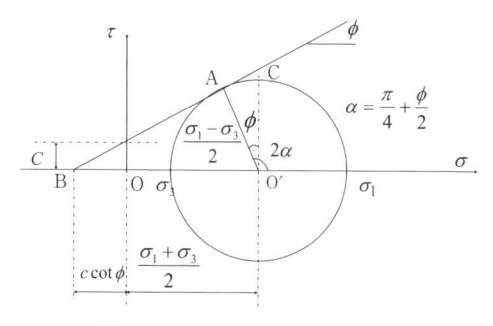

図7.4 モール・クーロンの破壊規準

$$\alpha = \frac{\pi}{4} + \frac{\phi}{2} \tag{7.12}$$

7.4 クーロンの破壊規準

図 7.5 のように水平にずれる容器に土を入れ，土に垂直応力を載荷しせん断応力を与えながら水平移動させる．ちょうどせん断応力が加わっている面が**すべり面**である．せん断面に働く垂直応力 σ を横軸に，せん断応力 τ を縦軸にプロットすると図 7.6 のように，1本の直線で示される．この直線は土が破壊するときの条件を示しており，土の粘着力と内部摩擦角を使って式 (7.13) となる．式 (7.13) を**クーロンの破壊規準**と呼ぶ．破壊したときのせん断応力をせん断強さ

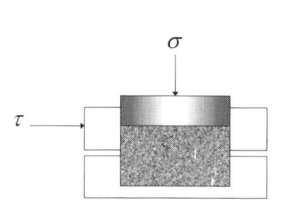

図7.5 容器に収めた土のせん断の様子

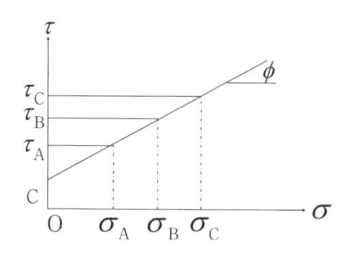

図7.6 クーロンの破壊線

として τ_f で表す．

$$\tau = c + \sigma \tan \phi \tag{7.13}$$

ここでτ：土のせん断応力（kN/m^2），c：粘着力（kN/m^2），σ：垂直応力（kN/m^2），ϕ：土の内部摩擦角（度）である．

7.5 せん断試験の種類

せん断試験は，土にせん断応力を直接与える**せん断応力載荷型**と主応力を与える**主応力載荷型**に区別される．せん断応力載荷型に分類される試験には**一面せん断試験**，リングせん断試験，室内ベーンせん断試験，ねじりせん断試験がある．一方，主応力載荷型には**一軸圧縮試験**，**三軸圧縮試験**，平面ひずみ試験が分類される．

7.5.1 一面せん断試験

一面せん断試験は，図7.7に示すような一般的に円柱形をした供試体を上箱，下箱に分かれている剛なせん断箱内に納め，供試体の水平な面に対して直交する方向に垂直力を加えたまま，せん断変位を与え，供試体をせん断破壊させる試験である．せん断面に加える垂直応力が大きいほど土粒子間の摩擦力が高まり，せん断応力の最大値（せん断強さ）が増える．試験の結果を横軸に垂直応力，縦軸をせん断強さとしてプロットすると図7.6のような1つの直線となり，座標上の切片を粘着力c，傾きを内部摩擦角ϕとするクーロンの破壊規準となる．

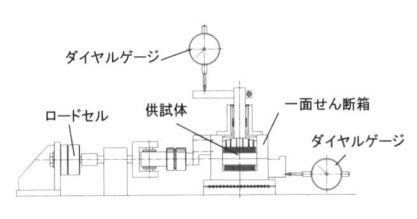

図7.7 一面せん断試験機

7.5.2 三軸圧縮試験

三軸圧縮試験では，円柱供試体を三軸圧縮試験機（図7.8）にセットしてゴムスリーブで覆い，側方向応力，軸方向応力を加え，土のせん断強さを測定する．供試体の側面および上面，下面はせん断応力が作用しないので，それぞれ最大主応力，最小主応力となるため，主応力載荷型のせん断試験といえる．

図7.9のように側方向応力と軸方向応力が等しい大きさで供試体を圧縮（等方圧縮）させた後，軸差応力（軸方向応力と側方向応力の差）を加える．このと

7.5 せん断試験の種類

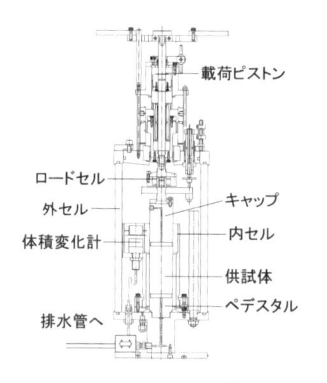

図 7.8 三軸圧縮試験機

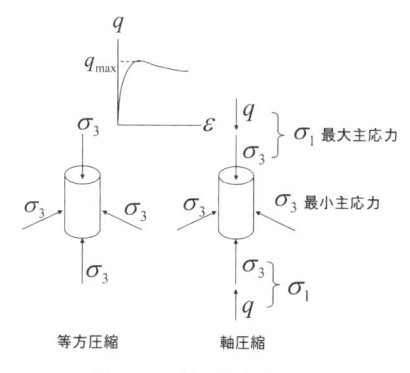

図 7.9 三軸圧縮試験の様子

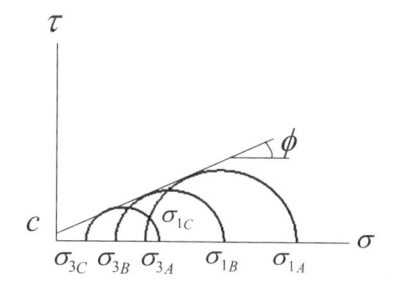

図 7.10 破壊時のモールの応力円

き，供試体側面に作用する圧縮応力が最小主応力，供試体軸方向の圧縮応力が最大主応力となる．軸差応力の最大値を**最大軸差応力**といい，この最大軸差応力と最小主応力の値から，モールの応力円（図 7.10）を描き，式（7.12）で示したモール・クーロンの破壊規準から土の粘着力と内部摩擦角が求められる．

土のせん断強さは，土の粒度組成，コンシステンシー，密度，含水比，応力履歴などから影響を受ける．せん断中の土中水の排水条件も土のせん断特性に影響を与えることは知られており，図 7.11 のように供試体と三軸室外の排水管をつなぐ弁の開閉で排水状態，非排水状態を制御することができる．

表 7.1 に，せん断中の排水・非排水制御と三軸圧縮試験方法および得られる強度定数についてまとめる．

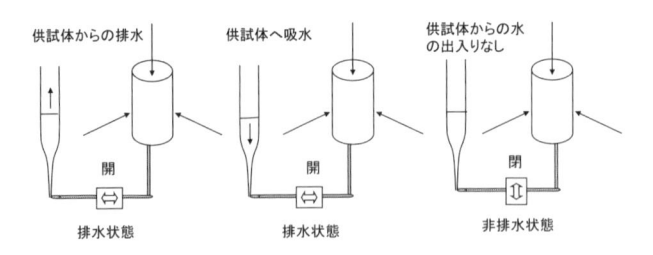

図 7.11 三軸圧縮試験における排水条件

表 7.1 三軸圧縮試験の種類

試験名	内容	得られる強度定数
非圧密非排水せん断試験 (UU 試験)	等方圧縮応力状態，せん断中も試料から土中水を排水させることを許さない方法．得られる結果は，飽和粘性土地盤に盛土工事を行った直後の状態を設計するときに圧密が行われず，排水が許されていない状態に類似	C_u, ϕ_u
圧密非排水せん断試験 (CU 試験)	圧密によるせん断強さ増加測定を目的とする．せん断前に排水を許し圧密圧力を加える．せん断中は非排水条件で保つ．CU 試験においてせん断中に土中の間隙水圧を測定する場合と測定しない場合がある	c_{cu}, ϕ_{cu}
圧密排水せん断試験 (CD 試験)	せん断作用を与える前は圧密非排水せん断試験と同じ．せん断中は間隙水圧が発生しないように排水条件を維持しながら試験を行う．粘性土地盤の長期間にわたる安定性評価に使用される	c_d, ϕ_d

7.5.3 一軸圧縮試験

一軸圧縮試験（図 7.12）は三軸圧縮試験と同じ円柱形の供試体を用いて，**土の一軸圧縮強さ**を求める試験である．一軸圧縮試験では，自立できる供試体に側方向応力がゼロの状態でせん断試験を行うことから，三軸圧縮試験に比べて簡便であり，実務において広く試験されている．側方向応力がゼロであるから，モー

図7.12 一軸圧縮試験機 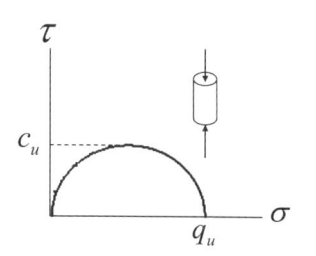　　**図7.13** 一軸圧縮試験から描かれるモールの応力円 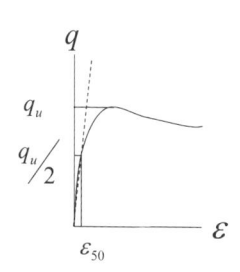　　**図7.14** 一軸圧縮試験結果（応力-ひずみ曲線）

ルの応力円は，図7.13のように原点からモールの応力円が描かれる．一軸圧縮強さq_uの半分の大きさが非排水せん断強さc_uとなる．

一軸圧縮試験で測定されるものは，土の一軸圧縮強さのほかに**変形係数**がある．変形係数は図7.14のような応力-ひずみ曲線の勾配であり，弾性体が外力を受けたときのヤング係数に相当する係数である．一軸圧縮強さq_uの半分の大きさ$q_u/2$から求める変形係数はE_{50}として式（7.14）で求められる．

$$E_{50} = \frac{\left(\dfrac{q_u/2}{\varepsilon_{50}}\right)}{10} \tag{7.14}$$

ここでE_{50}：変形係数（MN/m²），q_u：一軸圧縮強さ（kN/m²），ε_{50}：圧縮応力が$q_u/2$のときの軸ひずみ（％）である．

試料を原位置からサンプリングし，運搬移動，室内での供試体成形などによって試料に乱れが生じると，土のせん断強さに影響が表れる．さらにそれを練り返すことで，土のせん断強さは大きく変わる．乱さない状態での一軸圧縮強さと，試料の含水比を変えずに練り返した状態での一軸圧縮強さの比を**鋭敏比**といい，式（7.15）で表す．

$$S_t = \frac{q_u}{q_r} \tag{7.15}$$

ここでq_u：乱さない試料の一軸圧縮強さ（kN/m²），S_t：鋭敏比，q_r：練り返した試料の一軸圧縮強さ（kN/m²）である．

7.6 砂のせん断特性

　砂は粘土に比べて粘着力が小さいので，外力が作用すると砂粒子同士の摩擦によってせん断抵抗力が伝達される．そのため，砂のせん断強さやせん断特性に影響を与えるのは，砂の密度の大きさや排水条件が主体であり，ほかにも粒度組成や砂粒子の形状も影響する．図7.15に排水状態で行われた砂の三軸圧縮試験の結果を示す．密な砂の応力-ひずみ曲線には軸差応力にはっきりとピークがみられる．一方，ゆるい砂になると密な砂の場合とは違った曲線となり，最大軸差応力（軸差応力の最大値）を容易に判断することができない．一方，砂内部のせん断面付近では，砂粒子同士の結びつきにずれが生じ，接している他の砂粒子を乗り越えたり，あるいは間隙に入り込んだりすることで砂試料の体積が変化する．このようなせん断作用に伴う土の体積変化をダイレイタンシーという．体積圧縮時を負のダイレイタンシー，体積膨張時を正のダイレイタンシーとして分けている．密な砂は軸差応力が最大値に向かうのにあわせて体積が増加（膨張）し，正のダイレイタンシーを示す．ところがゆるい状態の砂は体積が小さくなり収縮を起こし負のダイレイタンシーを示す．よって，せん断作用を受ける前の密度の度合いによっては，砂の体積が増加・減少を起こさない密度の大きさがある．このときの砂の間隙比を限界間隙比という．

　試験機の排水管路を閉じて非排水状態を保ちながらせん断試験を行うと，図7.16のような応力とひずみ関係および間隙水圧の変化がみられる．ゆるい砂は排水条件で見せたように体積を収縮しようとする．ところが，砂の間隙水は排水できないので体積変化を起こせずに間隙水圧はせん断前よりも大きくなり，正の

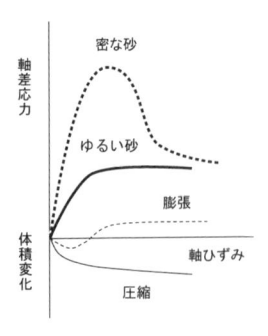

図7.15　飽和砂の排水せん断試験結果

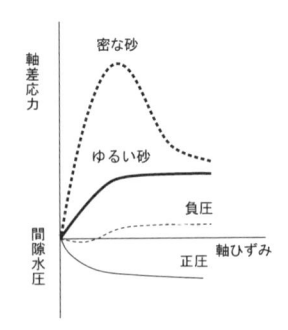

図7.16　飽和砂の非排水せん断試験結果

間隙水圧が発生する．一方，密な砂は排水条件でみられるような体積膨張を妨げられるために，せん断前に比べ間隙水圧が小さくなる．

7.7 粘性土のせん断特性

粘性土の三軸圧縮試験では，非圧密非排水三軸試験や圧密非排水三軸試験のように，せん断中に水の出入りがない非排水条件で土のせん断強さを測定することが多い．その理由は，粘性土の透水性が低く，完全な排水状態を得ることが難しいからである．

試料が完全に飽和した粘土の場合，非圧密非排水せん断試験を行うと，間隙内は水で飽和しているので，側方向応力を高めても，有効応力は変化しない．よって，結果をモールの応力円に表すと，同じ大きさのモールの応力円がいくつも描かれることになり，破壊線の傾き（ϕ_u）がゼロの破壊線となる（図7.17）．一方，有効応力表示にすると，1つの応力円となり，粘着力は飽和粘性土が破壊したときの主応力差 $(\sigma_1-\sigma_3)_f$ の1/2である．

$$c_u = \frac{1}{2}(\sigma_1-\sigma_3)_f \tag{7.16}$$

一方，締固めた土や間隙内に空気が存在する不飽和土の場合，非排水条件で側方向応力を増大させると，モールの応力円はその大きさを変え，せん断強さは側方向応力が増すにつれて増加する．ところが，側方向応力の増加が続くと土の飽和度が高くなり，飽和状態に近づき，モールの応力円の大きさは図7.18のように徐々に等しくなり，破壊線の傾き（ϕ_u）の大きさがゼロに近づく．

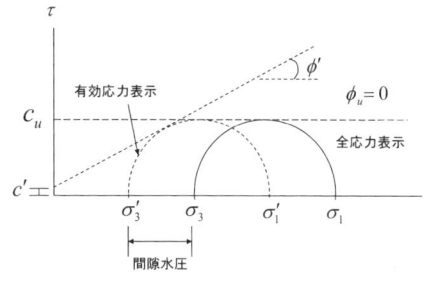

図7.17 飽和粘土の非圧密非排水せん断試験結果 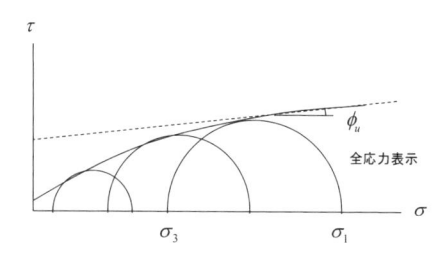　　**図7.18** 不飽和土の非圧密非排水せん断試験結果

7.8 粘性土の圧密非排水せん断特性

飽和粘性土の圧密非排水せん断試験では，せん断前に与える圧密圧力を増すことで，飽和粘性土の含水比が小さくなる．同時に非排水せん断強さ c_u は，密度が増えることで図7.19の破壊線に沿って大きくなる．この破壊線の傾きは非排水せん断強さ（c_u）と圧密圧力（p）の間の強度増加率（c_u/p）として定義できる．図7.19のa～cは圧密圧力が増大している過程で飽和粘性土が受けている圧密圧力（p）が圧密降伏応力に等しい正規圧密状態であるので，1つの直線で表され，強度増加率（c_u/p）は一定値である．ところが圧密圧力をaからbまで高めて，bまで小さくした場合，飽和粘性土は過圧密状態となる．過圧密状態の非排水せん断強さは，正規圧密状態の非排水せん断強さよりも大きくなっており，飽和粘性土の破壊線は原点を通る直線であるが，過圧密状態になると $c_u \neq 0$ であり，破壊線の傾きは正規圧密状態の傾きよりも小さい．

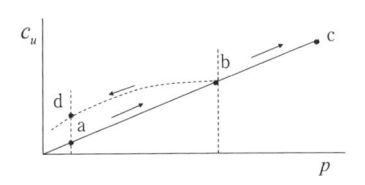

図7.19 飽和粘性土の非排水せん断強度と圧密圧力の関係（河上，2001をもとに筆者作成）

演 習 問 題

7.1 最大主応力面と最小主応力面について説明せよ．

7.2 2つの主応力 σ_1 と σ_3 および粘着力 c，内部摩擦角 ϕ を用いて，モール・クーロンの破壊包絡線を示せ．

7.3 せん断試験にはその方法によってせん断応力載荷型と主応力載荷型がある．それらの違いを説明せよ．

7.4 一面せん断試験結果から得られる土の破壊規準は何と呼ばれているか．

7.5 鋭敏比とは何か説明せよ．

7.6 図Aのように円柱の土塊に側方向応力 $100\,\text{kN/m}^2$，軸方向応力 $500\,\text{kN/m}^2$ が加えられた．そのとき内部に $\alpha=60$ 度のすべり面がみられた．このすべり面に対する垂直応力とせん断応力を求めよ．

7.7 図Bのように円柱の土塊に側方向応力 $630\,\text{kN/m}^2$，軸方向応力 $1170\,\text{kN/m}^2$，せん断応力 $300\,\text{kN/m}^2$ が作用している．最大主応力と最小主応力を求めよ．

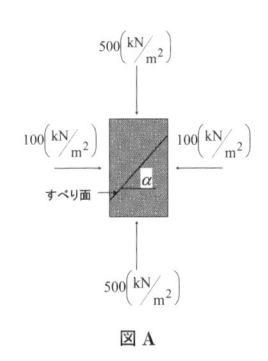

図A

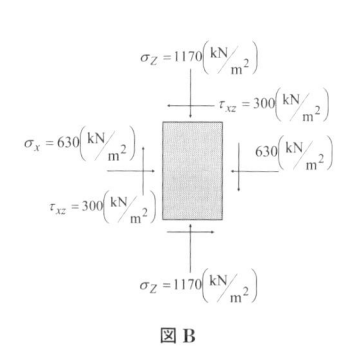

演 習 問 題   85

$\sigma_Z = 1170 \left(\mathrm{kN/m^2} \right)$
$\tau_{xz} = 300 \left(\mathrm{kN/m^2} \right)$
$\sigma_x = 630 \left(\mathrm{kN/m^2} \right)$
$630 \left(\mathrm{kN/m^2} \right)$
$\tau_{xz} = 300 \left(\mathrm{kN/m^2} \right)$
$\sigma_Z = 1170 \left(\mathrm{kN/m^2} \right)$

図 B

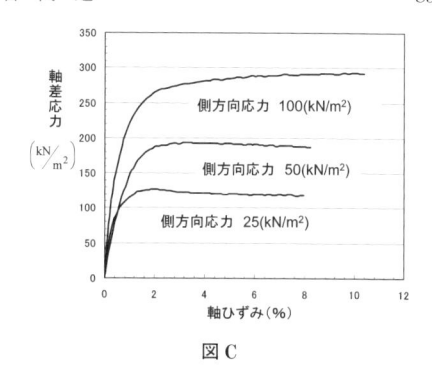

図 C

7.8 3つの垂直応力を使って，土の一面せん断試験を行ったところ次のような結果が得られた．破壊線を描いて土の内部摩擦角，土の粘着力を求めよ．

垂直応力（$\mathrm{kN/m^2}$）	100	200	300
最大せん断応力（$\mathrm{kN/m^2}$）	90	162	232

7.9 $25\,\mathrm{kN/m^2}$，$50\,\mathrm{kN/m^2}$，$100\,\mathrm{kN/m^2}$ の3種類の側方向応力を円柱供試体に与えて三軸圧縮試験を実施したところ，図Cのような応力-ひずみ曲線が得られた．側方向応力と最大軸差応力の値を表に示す．モールの応力円を描いて，破壊線から土の内部摩擦角，土の粘着力を求めよ．

側方向応力（$\mathrm{kN/m^2}$）	25	50	100
最大軸差応力（$\mathrm{kN/m^2}$）	127	193	291

参考文献
1) 河上房義：土質力学（第7版），森北出版，2001．
2) 石原研而：土質力学（第2版），丸善，2001．
3) 小林康昭・小寺秀則・岡本正広・西村友良：実用地盤・環境用語辞典，山海堂，2004．
4) 地盤工学会「土質試験の方法と解説」改訂編集委員会編：土質試験の方法と解説（第1回改訂版），地盤工学会，2000．
5) 土木学会地盤工学委員会土質試験の手引き編集小委員会編：土質試験のてびき，土木学会，2003．
6) 土質試験から学ぶ土と地盤の力学入門編集委員会編：土質試験から学ぶ土と地盤の力学入門，地盤工学会，1995．

8 土の締固め

　道路や堤防・ダムなどの土構造物の建設には礫，石，砂などの土質材料が使用され，転圧機械による締固めが行われている．締固め効果によって土の密度が高まると同時に，土構造物全体の安定性・耐久性が増大する．締固め施工に際しては技術者は土を材料として捉えており，粒度，含水比，物理的性質を調べることで良質の土質材料の選択が可能となる．締固め曲線から得られる最適含水比，最大乾燥密度および現場締め固め度は，土構造物の設計段階から施工完了までを通じて重要な管理因子となる．適切な締固め管理が実現されることで設計通りの土構造物が建造される．

平板載荷試験

8.1　土の安定化

　盛土など人工的に築造した土構造物の安定化のためには，土の密度を高めることが効果的である．築造された土構造物は一般に不飽和な状態であり，タイヤローラーやダンパーなど機械的な方法によって静的圧力，振動，衝撃などの外力を加えて間隙内の空気を追い出し，その土の密度を高める．土は締め固められると，間隙部の体積が減少し，透水性の低下や土の摩擦抵抗が高くなることから，せん断強度が増加し，土を安定させ工学的性質の改善に役に立つ．締固めの効果は，土の種類や粒度，含水比，締固め時のエネルギーによって異なるため，土の締固め特性をあらかじめ調べ，現場締固めでの施工に反映させる必要がある．

8.2　突固めによる締固め試験

　室内における締固め試験はJISで規格化されており（表8.1），ある一定の締固めエネルギー（締め固めるときのエネルギー）で締め固めたとき，異なる含水比に対して乾燥密度を求める試験である．

　主な試験用具としては，図8.1に示すような所定体積のモールド，カラー，所定の重さのランマー，秤，含水比計測用具である．

　締固めの手順は次の通りである．

①土試料を決められた層数に分け，ランマーで一定体積のモールドに締め固める．

8.2 突固めによる締固め試験

表 8.1 突固め試験の方法と種類

呼び名	ランマー質量 (kg)	ランマー落下高 (cm)	モールド内径 (cm)	モールド容積 (cm³)	突固め層数	各層の突固め回数	許容最大粒径 (mm)	準備する試料の必要量		
								乾燥法繰返し法 a	乾燥法非繰返し法 b	湿潤法非繰返し法 c
A	2.5	30	10	1000	3	25	19	5 kg	3 kg×組数	3 kg×組数
B	2.5	30	15	2209	3	55	37.5	15 kg	6 kg×組数	6 kg×組数
C	4.5	45	10	1000	5	25	19	5 kg	3 kg×組数	3 kg×組数
D	4.5	45	15	2209	5	55	19	8 kg	—	—
E	4.5	45	15	2209	3	92	37.5	15 kg	6 kg×組数	6 kg×組数

② 供試体の湿潤質量を測る．
③ 供試体の含水比を求める．
④ 含水比と湿潤質量から乾燥密度を計算する．
⑤ 土試料の水分量を変え，①～④の作業を繰り返し，供試体の湿潤質量が減少するまでこの作業を繰り返す．

モールドの大きさやランマーの大きさ，突固め回数により締固め時のエネルギーが異なり，その違いは A～E 法として表 8.1 にまとめている．また試料の準備の仕方によっても a, b, c の方法に分けられている．

室内試験の場合，締固めエネルギー（仕事量）E は次式で求まる．

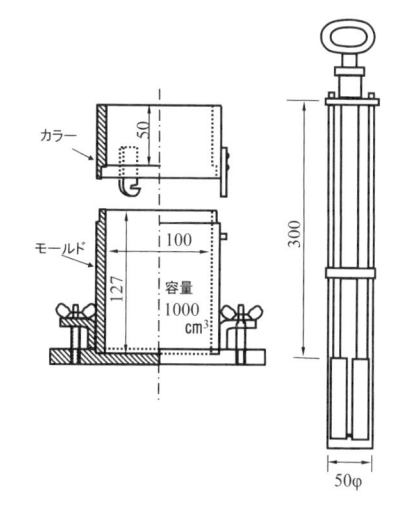

図 8.1 モールドとランマー

$$E = \frac{W_R \cdot H \cdot N_B \cdot N_L}{V} \quad (\text{kJ/m}^3) \tag{8.1}$$

ここに，W_R：ランマーの重量（kN），H：ランマーの落下高（m），N_B：1層あたりの突固め層数，N_L：層数，V：締固めた供試体の体積（m³）である．

いずれの突固め法を用いるかは，試料土の粒径だけでなく，構造物の種類や重要度により決定する．路床の締固めなどでは標準の A, B 法が，高い安定性を得るために十分な締固めが要求される路盤の締固めでは締固めエネルギーの大きい C, D, E 法が用いられる．

8.3 締固め曲線

8.3.1 プロクターの締固め原理

締固め試験で得られた乾燥密度を縦軸に，含水比を横軸にとると，両者の関係は図のような上に凸な曲線が得られる（図8.2）．この曲線を**締固め曲線**あるいは**乾燥密度-含水比曲線**という．曲線の頂点は，ある一定のエネルギーで締め固めたとき，最も密に締まる土の乾燥密度と含水比を表している．その含水比を**最適含水比**（w_{opt}），その頂点の乾燥密度を**最大乾燥密度**（ρ_{dmax}）という．

プロクター（Proctor, R.）は，締固め曲線が上に凸な曲線になることを理論的に説明した．ある土を締め固める場合，含水比が低ければ粒子同士の摩擦は大きく，粒子の配列を変えることができず，密度を高めることができない．しかし，含水比がやや高くなると水による潤滑性が増して配列が変わりやすくなり，密度が高くなる．すると，一定エネルギー下で締め固められたときに最大乾燥密度を得ることになり，それよりも含水比が高くなると水の体積増加のため間隙の圧縮が困難で，乾燥密度が低下して締め固まらなくなる．これを**プロクターの締固め原理**という．

締固め曲線には，土中の間隙に空気がまったくない状態である飽和度 $S_r=100$ %の**ゼロ空気間隙曲線**（式（8.2））や**飽和度一定曲線**（式（8.3）），**空気間隙率一定曲線**（式（8.4））が併記されることが望ましい．

$$\rho_{dsat} = \frac{\rho_w}{\rho_w/\rho_s + w/100} \tag{8.2}$$

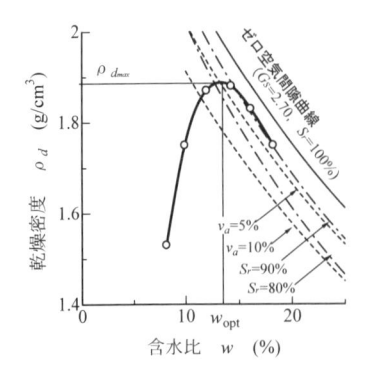

図8.2 締固め曲線

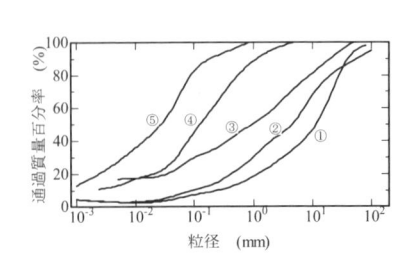

図8.3 粒度分布

$$\rho_d = \frac{\rho_w}{\rho_w/\rho_s + w/S_r} \tag{8.3}$$

$$\rho_d = \frac{\rho_w(1 - v_a/100)}{\rho_w/\rho_s + w/100} \tag{8.4}$$

ここに，v_a：空気間隙率（$v_a = V_a$(空気の体積)$/V$(土の体積)）である．

8.3.2 土質による締固め特性

図8.3に示すような，異なる粒度分布をもつ土の締固め曲線を図8.4に示す．礫や粗粒土では最大乾燥密度は高く，締固め曲線は鋭い傾向を示す．一方，シルトや細粒分を多く含む粘土ほど最大乾燥密度は低く，曲線が平坦になりやすい．土質よって締固め曲線は異なり，最大乾燥密度や最適含水比が著しく変化する．また，いずれの締固め曲線も，ゼロ空気間隙曲線に沿って移動することから，最適含水比と最大乾燥密度の関係はゼロ空気間隙曲線と同様な関係で示される．

8.3.3 締固めエネルギーによる影響

図8.5のように一層あたりの突固め回数を増やして締固めエネルギーを増加させた場合，締固め曲線は左上に移動し，ゼロ空気間隙曲線に沿った形となる．すなわち，最大乾燥密度は増加し，最適含水比が低下する傾向がある．

一般に，締固めエネルギーを大きくすれば，得られる締固め密度は高くなり，工学的性質は改善される．しかし，細粒分が多く含水比が高い土を過度に締め固めると，かえって土の構造を壊し，強度を低下させる場合がある．このような現

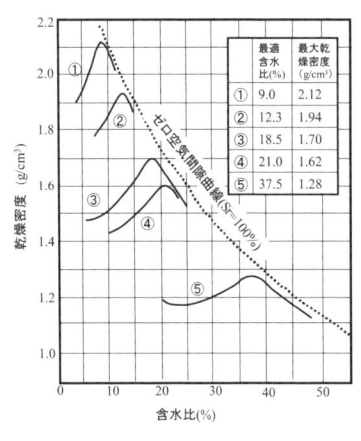

図 8.4 粒度分析が異なる土の締固め曲線[1] 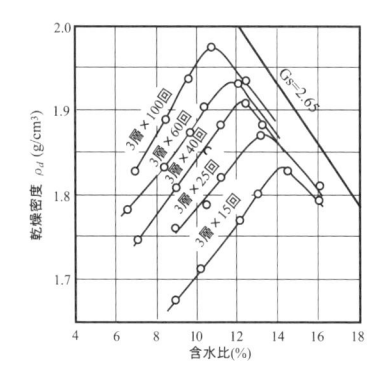　　　図 8.5 締固めエネルギーの違い[2]

象を，**過転圧（オーバーコンパクション）**と呼ぶ．高塑性の土や火山灰質土では比較的多くみられ，特に締固め含水比が高い場合にその傾向が顕著となる．

8.3.4　締固め土の工学的性質

締固めによって改善される土の性質には，①土の変形抵抗を増加させることができる．②土のせん断強さの増強を図ることができる．③土の圧縮性を低下させる．④透水係数の減少による遮水性の改善，などがあげられる．図 8.6 は締固め曲線とせん断強さ，透水係数の関係を示している．締め固めた土の強さは，最適含水比よりもやや乾燥側の含水比で最大値をとり，その値は乾燥密度が大きいほど，すなわち締固めエネルギーが大きいほど大きい．しかし，水浸後の強さは最適含水比付近で締め固めた土が最も大きい．透水性は，最適含水比よりもやや高い締固め含水比で最小値を示し，乾燥密度が大きいほど透水係数は小さい．

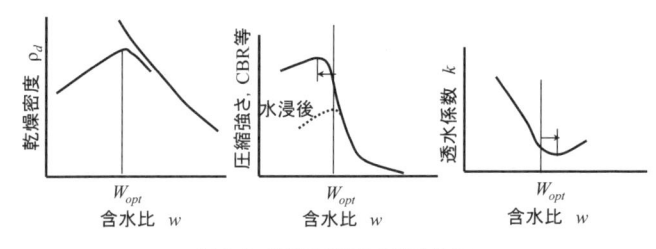

図 8.6　締固め曲線と工学的性質

8.4　締固め施工管理

道路盛土やダムなど人工的に築造した土構造物を主体とした工事では，材料となる土の含水比を管理しながら施工を行い，締め固めた後の土の状態が室内試験で得られた最大乾燥密度に近づくようにしている．そのため現場の締固め程度を評価するために，**締固め度**が標準的な指標として用いられている．盛土は締固め度が 85〜90％以上，路床 95％以上，路盤では路床同等あるいはそれ以上の値が満足できるように締固めの管理が行われる．

$$D_c = \frac{\text{現地で測定された乾燥密度 } \rho_d}{\text{室内試験で得られた最大乾燥密度 } \rho_{dmax}} \times 100 \quad (\%) \quad (8.5)$$

盛土の施工時の含水比は，室内で得られた最適含水比を基準として，将来の水浸の影響を考え，乾燥側，湿潤側で管理される．施工時に土は不飽和な状態であ

るが，降雨などの水浸により飽和に近くなる場合がある．締固めがゆるいと水浸により土粒子間のメニスカスによる見かけ上の粘着力が失われる**コラプス**沈下が生じ，強度低下を引き起こしたりすることがある．このため，最適含水比より乾燥側で管理する場合には十分注意する必要がある．

自然含水比が最適含水比より著しく高い土の場合には，施工後湿潤や水浸を受けても強度等の工学的性質が変化し難いと考えられ，空気間隙率または飽和度によって管理基準（$2 \leq v_a \leq 10\%$，$85 \leq Sr \leq 95\%$）が設定される．

8.5 CBR 試験

締め固めた地盤では支持力や沈下量が重要となるため，直接強度を測ることは有用である．締固め土の強度の評価指標に **CBR** がある．一般に CBR は瀝青材料などで構成されているたわみ性舗装（アスファルト舗装）の設計や施工に用いられ，路床や路盤の締固め効果を測る尺度の1つである．カリフォルニアでアスファルト舗装の路床・路盤材料の支持力特性を比較するために考案されたもので，California Bearing Ratio（路床土支持力比）の頭文字をとっている．CBR 試験には，室内で行う場合と現場で行う場合がある．路床や路盤の強さを評価するための相対的な強度を示す CBR は「所定の貫入量における荷重強さを，標準荷重強さで除した百分率」と定義され，式 (8.6) で示される．

$$\mathrm{CBR} = \frac{\text{荷重強さ（または荷重）}}{\text{標準荷重強さ（または標準荷重）}} \times 100 \quad (\%) \quad (8.6)$$

実用される CBR には**設計 CBR** と**修正 CBR** があり，設計 CBR は現場の路床土について求め，アスファルト舗装の厚さを設計するために用いられる．そのため，現場での最悪の含水比状態で測られる．一方，修正 CBR は路盤に用いる材

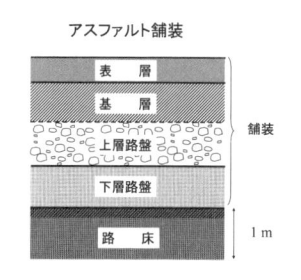

図 8.7 アスファルト舗装の断面

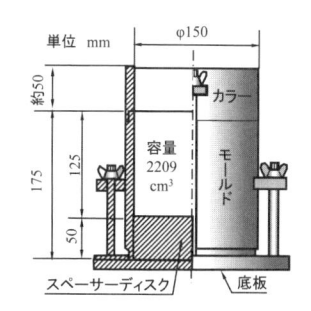

図 8.8 CBR 用モールド

料の品質を判断するために行われ，材料としての最も良好な条件である最適含水比に対しての指標になる．

8.5.1 設計 CBR
a．供試体の作成
供試体の作成には，図 8.8 に示す直径 15 cm のモールドに高さ 5 cm のスペーサーディスク，その上にろ紙を敷き，現場で採取した土試料を自然含水比状態で 3 層に分け，4.5 kg ランマーで各層 67 回突き固める（表 8.1 の突固め試験の方法と種類の E 法の各層締固め回数が 67 回に変更したもの）．締固めが終了したら，カラーを取り除き，上端面をストレージエッジで注意深く削り平面に仕上げる．スペーサーを取り除き，モールドを反転し，供試体の質量を求める．

b．吸水膨張試験
吸水膨張試験では路床や路盤が供用開始後，長期間の降雨などによって最悪の状態に至った場合を想定して試験を行うため，貫入試験を行う前に供試体を 4 日間水浸させ膨張量を測る．図 8.9 のように供試体の上下にろ紙を敷き，軸つき有孔板を置く．セットした供試体を水槽内に入れて水浸し，変位計を取りつける．モールド頂部をわずかに覆う程度の水の量に調整し，水浸後の膨張量や沈下量を決められた時間ごとに測り，膨張量が一定になることを確認する．試験後，水槽から取り出し，軸付き有孔板を載せたまま静かに傾けて 15 分ほど放置し水を抜く．

図 8.9　吸水膨張試験　　　　図 8.10　貫入試験

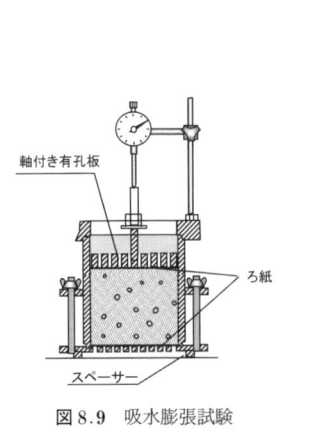

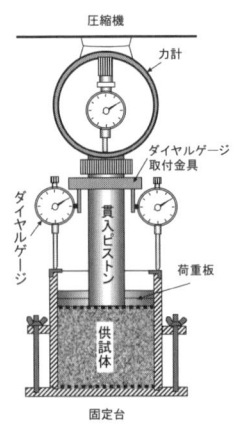

c. 貫入試験

吸水膨張試験を行った後，貫入ピストンを供試体に 1 mm/分の速さで貫入するように載荷し，所定の貫入量のときの荷重計の読みを記録する（図 8.10）．試験後，供試体を分解し，含水比を測定する．縦軸に荷重（荷重強さ），横軸に貫入量をとり，測定値をプロットして**荷重（荷重強さ）-貫入量曲線**を求める．供試体の端面が粗い場合やピストンと供試体表面の間に隙間があったりすると，図 8.11 に示すように変曲点が生じるため，変曲点以降の直線部分を延長して，横軸との交点を貫入量の**修正原点**とする．

CBR は，荷重（または荷重強さ）-貫入量曲線より貫入量 2.5 mm における荷重（kN）（または荷重強さ（MN/m²））を求め，表 8.2 に示す 2.5 mm における**標準荷重**（kN）（または**標準荷重強さ**（MN/m²））を用いて，式 (8.6) で計算する．CBR は貫入量 2.5 mm における値 $CBR_{2.5}$ とするが，5 mm の $CBR_{5.0}$ が大きい場合再試験を行う．同じ結果を得た場合 $CBR_{5.0}$ を採用する．

表 8.2 標準荷重と標準荷重強さ

貫入量 (mm)	標準荷重 (kN)	標準荷重強さ (MN/m²)
2.5	13.4	6.9
5.0	19.9	10.3

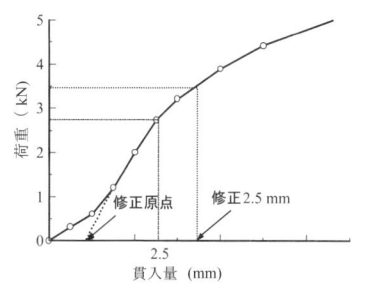

図 8.11 荷重-貫入量曲線における修正原点を求める方法

8.5.2 修正 CBR

非乾燥または空気乾燥法で準備した材料土を 4.5 kg ランマーを用いて各層 92 回 3 層に分けて突き固め，試料の最適含水比を決定する．

次に，得られた最適含水比との差が 1% 以内で調整された材料土を使って設計 CBR と同様の方法で供試体を作成する．供試体の突固めは各層 17 回，42 回，92 回の 3 種類の供試体を 3 個ずつ作成，吸水膨張試験の後，貫入試験を行って CBR を求める．図 8.12 に示すように，修正 CBR は，3 層 92 回で突き固めて得られている最大乾燥密度に対する所要の締固め度に対応する乾燥密度から求まる．

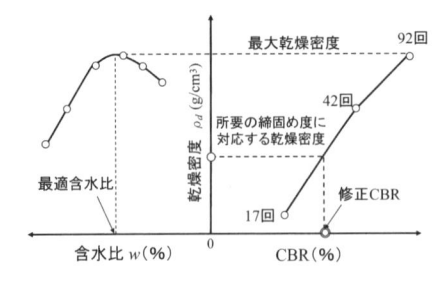

図 8.12 乾燥密度と含水比およびCBRの関係図[3)]

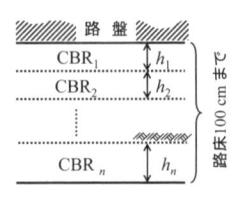

図 8.13 路床土の層が深さ方向に異なる場合

8.6 設計 CBR の決定

図 8.13 のように，路盤の下の路床になる地盤の土が深さ方向に異なる場合には，CBR が深さ方向に異なる．そこで，路床面より深さ 1 m までの平均 CBR と式 (8.7) を用いて，その地点の CBR を決定する．

$$\mathrm{CBR} = \left(\frac{h_1 \mathrm{CBR}_1^{1/3} + h_2 \mathrm{CBR}_2^{1/3} + \cdots + h_n \mathrm{CBR}_n^{1/3}}{100}\right)^3 \quad (8.7)$$

ここに，$h_1 + h_2 + \cdots + h_n = 100$ cm である．

同一舗装厚予定区間で，路床土の CBR が水平方向に異なる場合には，極端な値を除いて式 (8.8) で算出し，その区間の CBR とする．

$$\mathrm{CBR} = \mathrm{CBR}_{AV} - \frac{(\mathrm{CBR}_{max} - \mathrm{CBR}_{min})}{C} \quad (8.8)$$

ここに，CBR_{AV}：各地点の CBR の平均値，CBR_{max}：CBR の最大値，CBR_{min}：CBR の最小値，C：表 8.3 に示す係数である．

表 8.3 設計 CBR の計算に用いる係数

個数 (n)	2	3	4	5	6	7	8	9	10 以上
C	1.41	1.91	2.24	2.48	2.67	2.83	2.96	3.08	3.18

設計 CBR の決定は，表 8.4 における区間の CBR の最小値となる．また，設計 CBR 値が 2〜3 未満の軟弱な路床は，15〜30 cm の遮断層を設ける必要があり，設計 CBR 値が 2 未満のときには路床を CBR 値 3 以上の地盤材料で置き換える必要がある．

表 8.4 区間の CBR と設計 CBR の関係

区間の CBR（%）	2〜3 未満	3〜4 未満	4〜6 未満	6〜8 未満	8〜12 未満	12〜20 未満	20 以上
設計 CBR	2	3	4	6	8	12	20

演 習 問 題

8.1 モールド内径 10 cm を用いた Aa 法を使って締固め試験を行った結果を以下に示す．底板とモールドの質量は 1130 g で，土粒子の密度は 2.70 g/cm^3 であった．
　（ⅰ）締固め曲線，ゼロ空気間隙曲線および 5% の空気間隙率一定曲線を描け．
　（ⅱ）最大乾燥密度と最適含水比を求めよ．
　（ⅲ）締固め試験を行った同じ土の現場密度を測ったら 1.72 g/cm^3 であった．このときの締固め度を求めよ．

	1 回目	2 回目	3 回目	4 回目	5 回目	6 回目
モールド＋供試体質量（g）	2783	3057	3224	3281	3250	3196
含水比（%）	8.1	9.9	12.0	14.3	16.1	18.2

8.2 CBR 試験の結果，2.5 mm 貫入時の荷重強さは 0.820 MN/m^2，5 mm 貫入時の荷重強さは 1.197 MN/m^2 であった．この土の CBR を求めよ．

参考文献
1) 地盤工学会土の試験実習書（第 3 回改訂版）編集委員会編：土質試験―基本と手引き―，p.76，地盤工学会，2000．
2) 三国英四郎：フィルダム遮水壁材料の性質と締固めに関する研究（その 1）．土と基礎，**10**(1)，4-12，1962．
3) 日本道路協会編：舗装試験法便覧，pp.115-123，pp.171-175，日本道路協会，1988．

9 土圧

　平地・平野部の面積割合が少ないわが国では，人々の生活圏が山地・山間部に広がりをみせ，道路・鉄道・住宅・ライフラインおよび社会施設は地盤条件の厳しい地形でも施工されるようになってきた．急傾斜地や斜面をもつ地盤には掘削工事や土留施工にあわせて擁壁が建造され，構造物の安定性確保が図られている．このとき擁壁の設計には土から受ける土圧の大きさ，作用方向が必要となる．土圧は，擁壁が移動しようとする方向の違いで静止土圧，主働土圧，受働土圧に分けられる．一般的にランキン土圧，クーロン土圧の考え方が設計に用いられ，両者とも土内部が崩れようとする塑性平衡状態での圧力から土圧が計算されている．

地下タンクのための連続壁

9.1 構造物に働く土圧

　急勾配の斜面や掘削工事の土塊は，擁壁や山留めのような構造物によって支えられている．これらの構造物が土から受ける圧力が土圧である．土圧は構造物の大きさ，形状，剛性，変形の仕方などで変化するが，土質によっても大きく異なる．土圧の大きさは，図9.1のように構造物（擁壁）が静止している状態における土圧を**静止土圧**と呼ぶ．擁壁が裏込め土から離れる方向にわずかに移動して土がゆるむ状態のときを主働状態と呼び，そのときの土圧を**主働土圧**，一方，擁壁が裏込め土に向かって移動して密になろうとする状態を受働状態，すなわち**受働土圧**と呼ぶ．3つの土圧は図9.1のように主働土圧，静止土圧，受働土圧の順に大

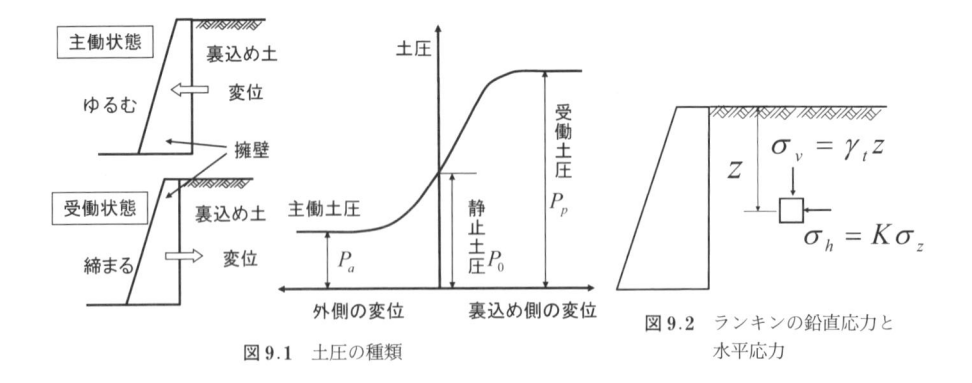

図 9.1 土圧の種類

図 9.2 ランキンの鉛直応力と水平応力

$\sigma_v = \gamma_t z$

$\sigma_h = K \sigma_z$

9.2 ランキンの土圧

ランキン（Rankine, W. J. M.）は水平に広がる粘着力のない地盤が今まさに破壊しようとするとき（塑性平衡状態）における地中応力を求めた．水平な広がりをもつ地盤に摩擦のない壁の近傍の地表面から深さ z にある土塊要素を考える（図9.2）．土の単位体積重量を γ_t とすると，鉛直応力 σ_v は $\gamma_t z$ であり，これに直交する水平応力（土圧）σ_h と鉛直応力 σ_v の比を式（9.1）のように土圧係数 K とした．

$$K_0 = \frac{\sigma_h}{\sigma_v} = \frac{\sigma_h}{\gamma_t z} \tag{9.1}$$

壁が静止して右へも左へも動かないと，土塊はつりあい状態となる．この場合，鉛直応力 σ_v に対する水平応力の比 K は**静止土圧係数**と呼ばれる．静止土圧係数 K_0 は経験的に式（9.2）の**ヤーキー（Jaky）の式**で推定される．

$$K_0 = 1 - \sin \phi' \tag{9.2}$$

ここに，ϕ' は**排水せん断摩擦角（内部摩擦角）**である．

静止土圧係数 K_0 はおおよそ 0.4〜1.0 の範囲にあり，砂質土より粘性土が大きく，ゆるい砂あるいはやわらかい粘土ほど大きく，過圧密粘土では 1.0 を超える．

9.2.1 粘着力がない場合

地盤全体が今まさに破壊しようとするときの鉛直，水平地中応力の比である土圧係数は，モールの応力円が破壊線に接する状態（図9.3）から求められる．図9.3の点 B は鉛直応力である土被り圧を示しており，左の円を主働状態の鉛直水

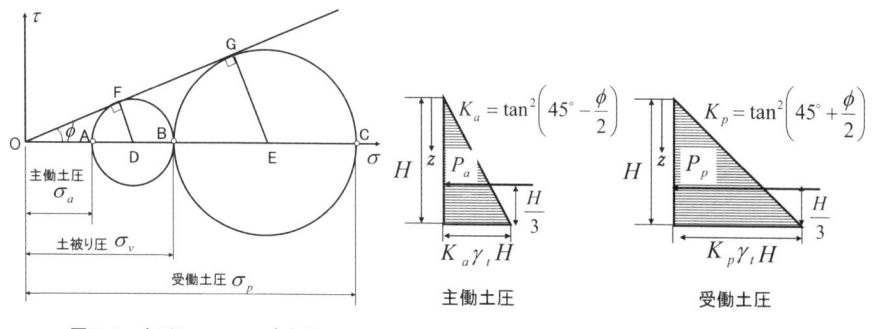

図9.3 土圧とモールの応力円

図9.4 土圧分布と合力の作用点

平応力を示す**主働円**，右を受動状態の関係を示す**受働円**という．

主働状態について考えると，図 9.3 の △ODF において式（9.3）が成り立つ．

$$\sin\phi = \frac{\overline{\mathrm{DF}}}{\overline{\mathrm{OD}}} = \frac{(\sigma_v - \sigma_a)/2}{(\sigma_v + \sigma_a)/2} = \frac{1 - \sigma_a/\sigma_v}{1 + \sigma_a/\sigma_v} \tag{9.3}$$

ここに，σ_a：主働土圧，σ_v：鉛直土圧（土被り圧）であり，これより主働土圧係数は式（9.4）のように得られる．

$$K_a = \frac{\sigma_a}{\sigma_v} = \frac{1-\sin\phi}{1+\sin\phi} = \frac{1-\cos(90°-\phi)}{1+\cos(90°-\phi)} = \frac{\sin^2((90°-\phi)/2)}{\cos^2((90°-\phi)/2)} = \tan^2\left(45° - \frac{\phi}{2}\right) \tag{9.4}$$

受働状態でも同様に △OEG において受働土圧係数 K_P は，式（9.5）として得られる．

$$K_P = \frac{\sigma_P}{\sigma_v} = \frac{1+\sin\phi}{1-\sin\phi} = \frac{1-\cos(90°+\phi)}{1+\cos(90°+\phi)} = \frac{\sin^2((90°+\phi)/2)}{\cos^2((90°+\phi)/2)} = \tan^2\left(45° + \frac{\phi}{2}\right) \tag{9.5}$$

したがって地表面から深さ z での主働土圧，受働土圧はそれぞれ式（9.6），（9.7）となる．

$$\sigma_a = \sigma_v K_a = \gamma_t z \cdot \tan^2\left(45° - \frac{\phi}{2}\right) \tag{9.6}$$

$$\sigma_P = \sigma_v K_P = \gamma_t z \cdot \tan^2\left(45° + \frac{\phi}{2}\right) \tag{9.7}$$

両者とも深さに比例し，図 9.4 に示すように土圧は三角形分布を呈す．壁面に加わる土圧の合力は式（9.6），（9.7）を擁壁の高さについて積分すればよい．

$$P_a = \int_0^H \sigma_a dz = \int_0^H \gamma_t z \cdot \tan^2\left(45° - \frac{\phi}{2}\right) dz = \frac{1}{2}\gamma_t H^2 \cdot \tan^2\left(45° - \frac{\phi}{2}\right) \tag{9.8}$$

$$P_P = \int_0^H \sigma_P dz = \int_0^H \gamma_t z \cdot \tan^2\left(45° + \frac{\phi}{2}\right) dz = \frac{1}{2}\gamma_t H^2 \cdot \tan^2\left(45° + \frac{\phi}{2}\right) \tag{9.9}$$

土圧分布は三角形分布をなすため，これらの合力の作用点は三角形の重心の位置となり，すなわち図 9.4 に示すように底面から高さ H の 1/3 の位置となる．

9.2.2 粘着力がある場合

裏込め土に粘着力がある場合にも，図 9.5 モールの応力円を使って △QDF を用いて主働土圧を考えると式（9.10）となり，さらに整理すると式（9.11）を得る．

$$\sin\phi = \frac{\overline{\mathrm{DF}}}{c/\tan\phi + \overline{\mathrm{OD}}} = \frac{(\sigma_v - \sigma_a)/2}{c/\tan\phi + (\sigma_v + \sigma_a)/2} \tag{9.10}$$

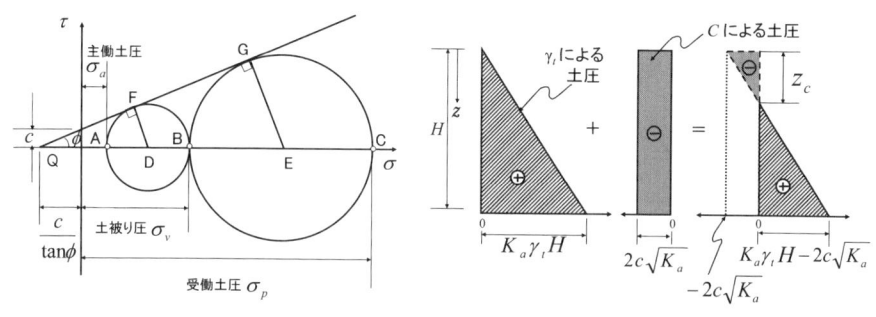

図 9.5 粘着力がある場合の土圧のモール円　　**図 9.6** 粘着力がある場合の土圧分布の重ね合わせ

$$\sigma_a = \sigma_v \cdot \frac{1-\sin\phi}{1+\sin\phi} - 2c\frac{\cos\phi}{1+\sin\phi} = \sigma_v \cdot \frac{1-\sin\phi}{1+\sin\phi} - 2c\sqrt{\frac{1-\sin\phi}{1+\sin\phi}} \tag{9.11}$$

ここで，$\sin\phi$ を $\cos\phi$ に変換し，半角の公式 $\left(\dfrac{1-\cos\phi}{1+\cos\phi} = \tan^2\left(\dfrac{\phi}{2}\right)\right)$ を使うと式（9.12）のようになる．

$$\sigma_a = \gamma_t z \cdot \tan^2\left(45° - \frac{\phi}{2}\right) - 2c\tan\left(45° - \frac{\phi}{2}\right) = \gamma_t z K_a - 2c\sqrt{K_a} \tag{9.12}$$

したがって，式（9.12）のように粘着力がある場合の主働土圧が得られる．土圧の分布は図 9.6 のように，ある深さ z_c において粘着力の影響により土圧 σ_a がゼロとなるところがわかる．式（9.12）＝0 となるときの z を z_c として求めると式（9.13）となる．

$$z_c = \frac{2c}{\gamma_t} \cdot \frac{1}{\tan\left(45° - \dfrac{\phi}{2}\right)} = \frac{2c}{\gamma_t}\tan\left(45° + \frac{\phi}{2}\right) \tag{9.13}$$

z_c の 2 倍は，作用方向が相反する土圧が相殺される高さであり，土留め壁のような支えなしに鉛直に自立できる限界の高さを示し，**自立高さ**（H_c）と呼ぶ．

$$H_c = 2z_c = \frac{4c}{\gamma_t}\tan\left(45° + \frac{\phi}{2}\right) \tag{9.14}$$

実際には，上部の z_c の範囲で擁壁に引張力が働くわけではないので，設計時には，引張力は無視される．主働土圧の引張力の合力 T_a（負の三角部分の面積）は

$$T_a = \frac{1}{2} \cdot z_c \cdot 2c\sqrt{K_a} = \frac{1}{2} \cdot \frac{2c}{\gamma_t}\tan\left(45° + \frac{\phi}{2}\right) \cdot 2c\tan\left(45° - \frac{\phi}{2}\right) = \frac{2c^2}{\gamma_t} \tag{9.15}$$

であり，引張力の合力 T_a を式（9.12）の積分した合力に加算し，粘着力を有す

る場合の主働土圧が式 (9.16) で得られる．同様に受働土圧の合力は導かれるが，危険側になるために粘着力項を期待しない式 (9.17) が用いられることが多い．

$$P_a = \frac{1}{2}\gamma_t H^2 \cdot \tan^2\left(45° - \frac{\phi}{2}\right) - 2cH \tan\left(45° - \frac{\phi}{2}\right) + \frac{2c^2}{\gamma_t} \qquad (9.16)$$

$$P_P = \frac{1}{2}\gamma_t H^2 \cdot \tan^2\left(45° + \frac{\phi}{2}\right) + 2cH \tan\left(45° + \frac{\phi}{2}\right) \qquad (9.17)$$

なお，合力の作用点は，図 9.6 に示すように，高さ H から z_c だけ低い三角形分布となることから，下端から $(H - z_c)$ の 1/3 の高さにある．

9.2.3 裏込め土の地表面が傾斜している場合

裏込め土の地表面が傾斜角 i で傾斜している場合には，図 9.7 のように応力が働き，モール円で表すと図 9.8 のようになる．

$$\frac{\sigma_a}{\sigma_v} = K_a = \frac{\overline{OC}}{\overline{OD}} = \frac{\overline{OH} - \overline{HD}}{\overline{OD}} = \frac{\overline{OA}\cos i - \sqrt{R^2 - \overline{AH}^2}}{\overline{OA}\cos i + \sqrt{R^2 - \overline{AH}^2}}$$

$$= \frac{\overline{OA}\cos i - \sqrt{(\overline{OA}\sin\phi)^2 - (\overline{OA}\sin i)^2}}{\overline{OA}\cos i + \sqrt{(\overline{OA}\sin\phi)^2 - (\overline{OA}\sin i)^2}}$$

$$= \frac{\cos i - \sqrt{\sin^2\phi - \sin^2 i}}{\cos i + \sqrt{\sin^2\phi - \sin^2 i}} = \frac{\cos i - \sqrt{\cos^2 i - \cos^2\phi}}{\cos i + \sqrt{\cos^2 i - \cos^2\phi}} \qquad (9.18)$$

受働土圧も同様に得られ，それぞれの土圧の合力は式 (9.19)，(9.20) で表される．

$$P_a = \int_0^H \sigma_a dz = \frac{1}{2}\gamma_t H^2 \cos i \frac{\cos i - \sqrt{\cos^2 i - \cos^2\phi}}{\cos i + \sqrt{\cos^2 i - \cos^2\phi}} \qquad (9.19)$$

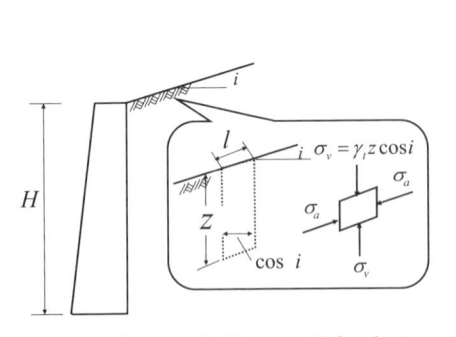

図 9.7 裏込め土が傾斜している場合の土圧 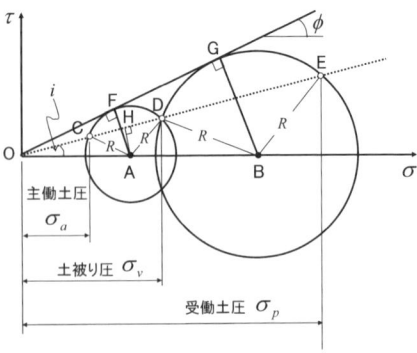   図 9.8 傾斜角のある場合の土圧とモール円

$$P_p = \int_0^H \sigma_p dz = \frac{1}{2}\gamma_t H^2 \cos i \frac{\cos i + \sqrt{\cos^2 i - \cos^2 \phi}}{\cos i - \sqrt{\cos^2 i - \cos^2 \phi}} \tag{9.20}$$

土圧合力の作用点は，同様に三角形分布をしており，高さ $H/3$ にあるが，その作用方向は水平面から，i だけ傾斜している．

9.2.4 裏込め土に載荷重がある場合

擁壁の裏込め地表面に等分布荷重 q が加わるとき，裏込めの深さに垂直応力は一様に増加する（図9.9）．すなわち，等分布荷重が加わったときの深さ z における主働土圧は式 (9.21) となる．

$$\sigma_a = (\gamma_t \cdot z + q) \cdot K_a = \sigma_{a1} + \sigma_{a2} \tag{9.21}$$

よって主働土圧の合力は図9.9の分布を示す式 (9.22) となる．

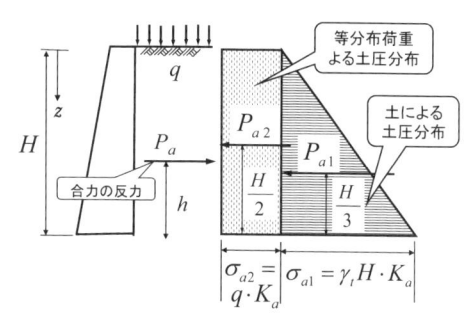

図9.9 載荷中がある場合の土圧分布

$$P_a = \int_0^H \sigma_{a1} dz + \int_0^H \sigma_{a2} dz = \frac{1}{2}\gamma_t H^2 \tan^2\left(45° - \frac{\phi}{2}\right) + qH \tan^2\left(45° - \frac{\phi}{2}\right) \tag{9.22}$$

また，受働土圧の合力も同様に

$$P_p = \int_0^H \sigma_{p1} dz + \int_0^H \sigma_{p2} dz = \frac{1}{2}\gamma_t H^2 \tan^2\left(45° + \frac{\phi}{2}\right) + qH \tan^2\left(45° + \frac{\phi}{2}\right) \tag{9.23}$$

となり，合力の作用点は，土による土圧分布の下端から $H/3$，等分布荷重による土圧は四角形分布で下端から $H/2$ に作用する．これより，擁壁下端点 O でモーメントのつりあいによって求めることができ，式 (9.24) で表される．

$$P_a \cdot h = P_{a1} \cdot \frac{H}{3} + P_{a2} \cdot \frac{H}{2} \tag{9.24}$$

$$h = \frac{H}{3} \cdot \frac{\gamma_t H + 3q}{\gamma_t H + 2q} \tag{9.25}$$

等分布荷重 q を裏込め土 γ_t で置き換え，換算高さ h_c を使っても求めることができる．等分布荷重 q (kN/m²) のかわりに裏込め土が $h_c = q/\gamma_t$ だけかさ上げされた状態で考えればよい．しかし，実際には h_c の部分には擁壁がなく土圧は作

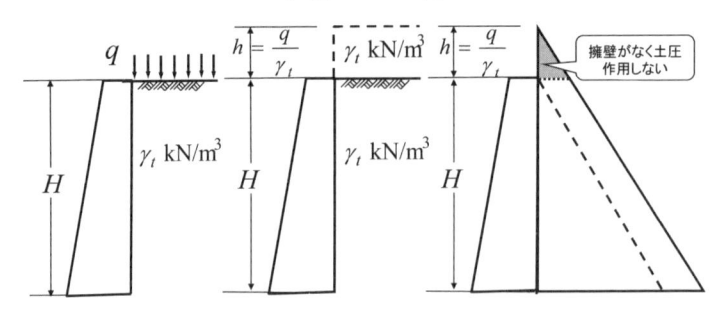

図 9.10 換算高さを用いた土圧の計算

用しないので，図 9.10 の網かけした部分の土圧を除いておくことになる．すなわち，式（9.26）で示す計算式で計算できるが，整理すると式（9.22）と等しくなる．本方法はランキン土圧だけでなく，後述するクーロンの方法においても使用できる．

$$P_a = \frac{1}{2}\gamma_t(H+h_c)^2 K_a - \frac{1}{2}\gamma_t h_c^2 K_a \tag{9.26}$$

9.2.5 裏込め土が複数層で構成されている場合

裏込め土が複数層で構成されている場合には，土質が各層で異なる．この場合，上層から1層ずつ土圧を計算し，2層目を計算するときに，上層を等分布荷重と見なして計算していけばよく，擁壁下端を支点としたモーメントのつりあいから，擁壁 H にかかる土圧の合力の作用点を計算する．なお，単位体積重量，土圧係数が層によって異なるために層境界の土圧分布は不連続となりうる．また，複数層で構成されている裏込め地盤の表面に等分布荷重がある場合は，土圧係数が各層で異なるために土圧は均質に擁壁に働かず，各層ごとに分けて考えることに注意する．

9.2.6 裏込め土内に地下水位がある場合

擁壁の裏込め地表面に地下水位がある場合には，間隙水圧分布と土圧分布に分けて計算することができる．図 9.11 のように，地下水面以下では湿潤単位体積重量の γ_t に相当する飽和単位体積重量 γ_{sat} として裏込め地盤の土質が異なるものと同様に計算する．擁壁に働く主働土圧の合力を求める際には，間隙水圧分布と土圧分布を足し合わせて算出する．また，式（9.24）と同様に，合力の反対向

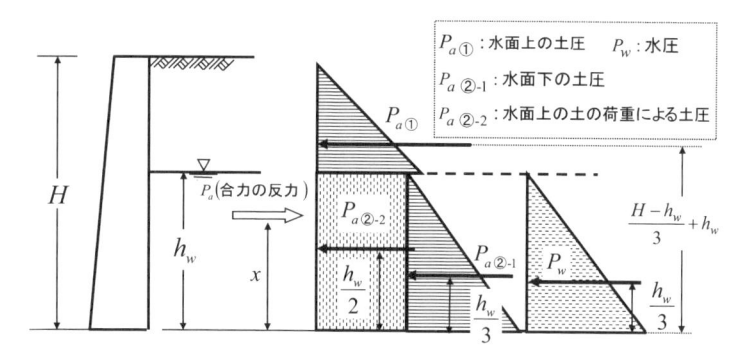

図 9.11 地下水位がある場合の土圧分布

きの力（反力）の擁壁下端から作用点までの高さを h とし，擁壁下端周りのモーメントのつりあいから作用点位置を求めることができる．

9.3 クーロン土圧

9.3.1 土くさびとクーロン土圧の誘導

クーロン（Coulomb, C. A.）は，極限平衡状態にある剛体壁面の背面土について2つの平面をもつ**土くさび**を考えた．その土くさびが剛体壁面に沿って滑り出すという仮定のもと，土くさびの自重，剛体壁面およびすべり面に作用する力からなる**力の三角形**を描き，力のつりあいをもとに土圧を求めた．この方法は，**土くさび論**とも呼ばれる．

主働土圧は，裏込め土塊が仮想のすべり面（α 度と仮定）に沿って壁面の下端に落ち込むときの擁壁に作用する土圧になる．図 9.12 のように，くさびの重量 W，すべり面における反力 R および壁面の反力 P の3つであり，R と P は，すべり面および壁面に対する垂線から内部の摩擦角 ϕ および擁壁面と摩擦角分 δ だけ傾く．くさびの自重 W は図 9.13 から $\overline{AD}$，$\overline{BC}$ を求め，$\triangle ABC$ の面積 $= 1/2 \times \overline{AD} \times \overline{BC}$ に単位体積重量 γ_t を乗じて式 (9.27) のように得られる．

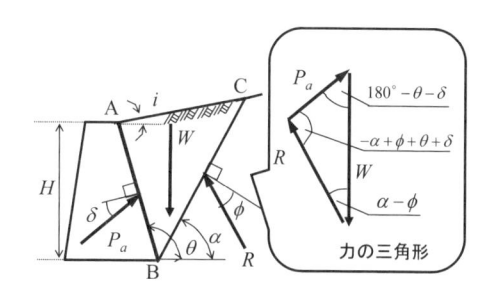

図 9.12 クーロンの土くさびと力の三角形

$\angle \mathrm{ABC} = \theta - \alpha$ と $\overline{\mathrm{AB}} = \dfrac{H}{\sin \theta}$ より

$\overline{\mathrm{AD}} = \overline{\mathrm{AB}} \sin(\theta - \alpha) = \dfrac{H \sin(\theta - \alpha)}{\sin \theta}$

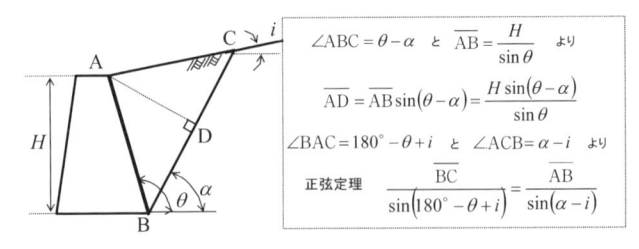

$\angle \mathrm{BAC} = 180° - \theta + i$ と $\angle \mathrm{ACB} = \alpha - i$ より

正弦定理 $\dfrac{\overline{\mathrm{BC}}}{\sin(180° - \theta + i)} = \dfrac{\overline{\mathrm{AB}}}{\sin(\alpha - i)}$

図 9.13 くさびの辺の長さ

$$W = \frac{1}{2} \gamma_t H^2 \frac{\sin(\theta - \alpha) \sin(180° - \theta + i)}{\sin^2 \theta \sin(\alpha - i)} = \frac{1}{2} \gamma_t H^2 \frac{\sin(\theta - \alpha) \sin(\theta - i)}{\sin^2 \theta \sin(\alpha - i)} \quad (9.27)$$

また，図 9.12 に示す力の三角形の P_a，W に関しての正弦定理（$P_a/\sin(\alpha - \phi)$ $= W/\sin(-\alpha + \phi + \theta + \delta)$）に式 (9.27) を代入し，$P_a$ は次式となる．

$$P_a = \frac{1}{2} \gamma_t H^2 \frac{\sin(\alpha - \phi) \sin(\theta - \alpha) \sin(\theta - i)}{\sin(-\alpha + \phi + \delta + \theta) \sin^2 \theta \sin(\alpha - i)} \quad (9.28)$$

ここで，P_a は BC 面の角度 α によって変化するが，P_a が最大となるすべり角度 α のときの力が擁壁に作用する主働土圧の合力といえる．そこで，式 (9.28) の値の最大値が得られるように α を求めればよいので，P_a を α で微分して最大値となる α を求める．誘導はここでは省略するが，このようにして土塊 ABC によって生じる主働土圧の合力 P_a は式 (9.29)，(9.30) として得られる．

$$P_a = \frac{1}{2} \gamma_t H^2 K_a \quad (9.29)$$

ここに，K_a はクーロンの主働土圧係数である．

$$K_a = \frac{\sin^2(\theta - \phi)}{\sin^2 \theta \sin(\theta + \delta) \left\{ 1 + \sqrt{\dfrac{\sin(\delta + \phi) \sin(\phi - i)}{\sin(\theta + \delta) \sin(\theta - i)}} \right\}^2} \quad (9.30)$$

受働土圧の合力も同様に得ることができ，クーロンの受働土圧係数 K_P は式 (9.31) となる．

$$K_P = \frac{\sin^2(\theta + \phi)}{\sin^2 \theta \sin(\theta - \delta) \left\{ 1 - \sqrt{\dfrac{\sin(\delta + \phi) \sin(\phi + i)}{\sin(\theta - \delta) \sin(\theta - i)}} \right\}^2} \quad (9.31)$$

壁面と土との間に摩擦がなく（$\delta = 0$），擁壁背面が直立し（$\theta = 90$ 度），背後の地表面が水平の場合（$i = 0$）のとき，式 (9.30)，(9.31) はランキンの土圧係数

と等しくなり，クーロン土圧はランキン土圧と等しくなる．

9.3.2 試行くさび法

コンピュータの活用により，表計算ソフト（Excel，Lotus）が使われることが多く，それらのソルバー機能を使った方法が実務で使われるようになっている．地表面の傾きが一様でない場合には，先の図 9.12 に示したすべり面 BC の角度 α を変化させ，式（9.28）の最大となる最適解を求める方法があり，**試行くさび法**という．また，近年では，逆 T 型擁壁の主働土圧を計算する場合では**改良試行くさび法**[1]が開発されている．

9.3.3 仮想背面

クーロン土圧もランキン土圧も三角形分布をなし，その合力の作用点は擁壁の下端から擁壁高さの 1/3 にある．しかし，図 9.14 に示すような逆 T 型，または L 型擁壁の断面形状によって仮想背面（破線）を考える必要がある．クーロンの場合にはどちらを仮定してもよいが，ランキン土圧の場合には，背面土圧が鉛直でなければならず，仮想背面は直立のみしか仮定できない．なお，クーロン土圧に仮想背面を考えた場合には背面の摩擦係数 δ は，土の内部摩擦角 ϕ に等しくなる．

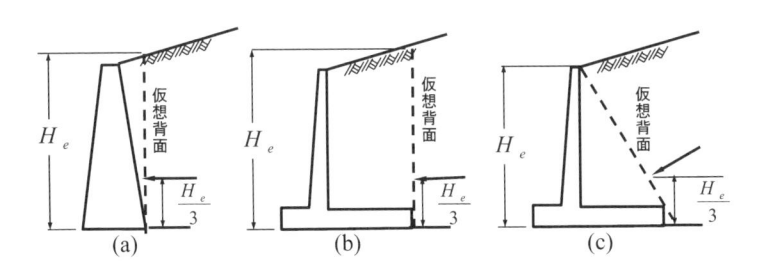

図 9.14 擁壁の仮想背面と作用点の位置

9.3.4 地震時のクーロン土圧

地震時の土圧を計算する際に広く用いられているのが，物部・岡部式である．この式は，クーロン土圧をもとに震度法の概念を取り入れたものである．震度法によれば，水平震度 k_h に対して重量 W の構造物に働く水平地震力は $k_h W$ となり，水平力を受ける（図 9.15 (a)）．そのため重力と地震力による合力は，鉛直

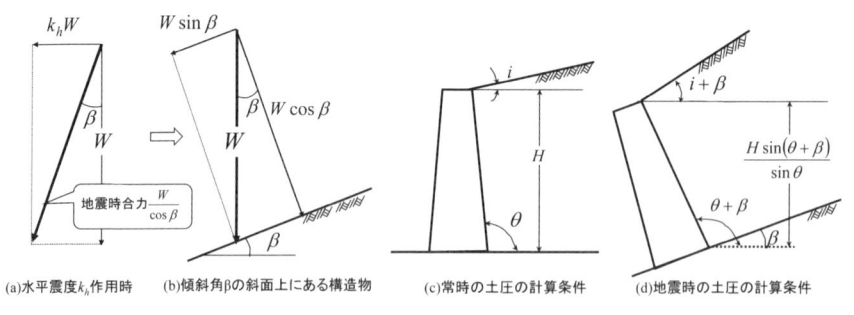

図 9.15 地震時の土圧の考え方

方向から $\beta=\tan^{-1}(k_h)$ だけ傾くことになり，図 9.15（b）のような傾斜角 β の斜面上の構造物が受ける力と等価と考えることができる．これより，図 9.15（d）に示すように地震時の主働土圧は傾斜角（β）の斜面上に傾いて築かれた擁壁として計算できる．

土の見かけ上の単位体積重量 $\gamma_t/\cos\beta$，擁壁の見かけの高さ $H\sin(\theta+\beta)/\sin\theta$，クーロンの土圧公式の θ を $\theta+\beta$，i を $i+\beta$ として計算する．

$$P_{ae}=\frac{1}{2}\gamma_t H^2 K_{ae} \tag{9.32}$$

$$K_{ae}=\frac{\sin^2(\theta-\phi+\beta)}{\sin^2\theta\cdot\sin(\theta+\delta+\beta)\left\{1+\sqrt{\frac{\sin(\delta+\phi)\sin(\phi-i-\beta)}{\sin(\theta+\delta+\beta)\sin(\theta-i)}}\right\}^2} \tag{9.33}$$

ここに，P_{ae}：地震時主働土圧の合力，β：地震合成角（$=\tan^{-1}(k_h)$），k_h：水平震度である．地震時土圧の合力は，クーロンの常時土圧と同様，擁壁背面の法線に δ だけ傾き，擁壁底面より鉛直高さ $H/3$ の点に作用する．

9.4 擁壁の安定

擁壁の設計を考える場合には，図 9.16 に示すような①**滑動**，②**転倒**，③**沈下**のそれぞれに対して安定計算を行う必要がある．

9.4.1 滑動に対する安定

滑動させる水平力の合力に対して擁壁底面に働く摩擦力が大きくなければならない．図 9.16（a）のように主働土圧の水平合力 P_{ah} に対して擁壁底面の摩擦係

9.4 擁壁の安定

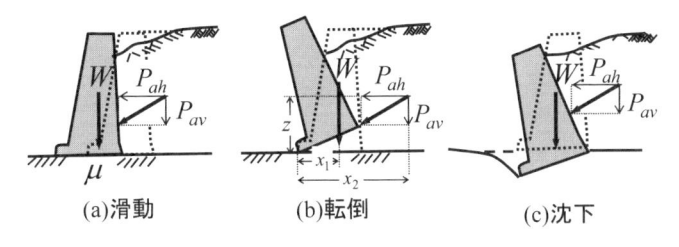

図9.16 擁壁の不安定性
(a)滑動　(b)転倒　(c)沈下

数を μ としたときの抵抗力を用いて安全率 F_s を次のように表すことができる．

$$F_s = \frac{\text{底面での抵抗力}}{\text{滑動力}} = \frac{(W+P_{av})\mu}{P_{ah}} \tag{9.34}$$

ここに，F_s：安全率，P_{av}：主働土圧の鉛直合力，μ：擁壁底面の摩擦係数（$\mu = \tan\delta$）であり，岩とコンクリートの場合 $\delta = 0.6$，土や軟岩とコンクリートの場合には $\delta = 1 \sim 2/3\phi$ がとられる．

9.4.2 転倒に対する安定

擁壁は土圧により，図9.16 (b) のように擁壁下端の外縁を支点として転倒する危険性を有している．この場合，擁壁を転倒させようとする転倒モーメントは，土圧の水平合力と擁壁底面からの作用点までの高さの積で表され，抵抗するモーメントは，擁壁自重と土圧の鉛直成分と支点からの距離の積となる．転倒に対する安全率は式 (9.35) で表され，転倒に対する安全率は1.5以上が求められる．

$$F_s = \frac{\text{抵抗モーメント}}{\text{転倒モーメント}} = \frac{W \cdot x_1 + P_{av} \cdot x_2}{P_{ah} \cdot z} \tag{9.35}$$

ここに，x_1：擁壁下端の外縁の支点から擁壁の重心までの水平距離，x_2：支点から土圧の鉛直成分の作用点までの水平距離である．

ただし，自重や土圧などの合力の作用位置が擁壁底面幅の中央から1/3に入っている場合は，転倒に対する安全率の検討は行わなくてよい．

9.4.3 沈下に対する安定

擁壁を支える擁壁底面の地盤は，擁壁の自重，擁壁に作用している土圧の鉛直成分の荷重を受けることになる．このとき，荷重に対する地盤反力がその地盤の許容支持力内にある必要があるが，合力の作用位置によって地盤反力の大きさが

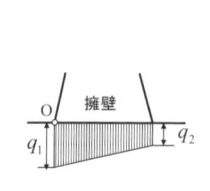

図9.17 地盤反力の分布

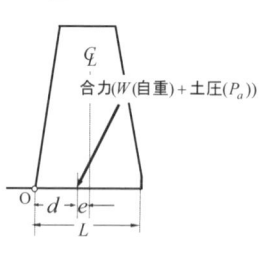

図9.18 擁壁底面に働く合力の作用位置

異なってくる．地盤反力は図9.17のように台形分布となり，その大きさを求めるには，図9.18に示す擁壁底面中央から合力の作用点までの偏心距離 e を求め，式 (9.36) によって求める．許容支持力については第10章において説明する．

$$q_1, q_2 = \frac{P_{av} + W}{L}\left(1 \pm \frac{6e}{L}\right) \tag{9.36}$$

ここに，P_{av}：主働土圧の鉛直成分，W：擁壁自重，L：擁壁底面幅，e：偏心距離（擁壁底面中央から合力の作用点までの距離）である．

9.5 矢板に作用する土圧分布

根切り工事において土砂などの崩壊を防ぐために掘削面の周囲に設ける壁を山留め（土留め壁）という．土留め壁の設計には，必要根入れ長さを求め，土圧に耐える矢板や切ばり断面の大きさを決める．しかし，矢板のようなたわみ性の壁に作用する土圧は，たわみの大きさや形状により複雑に変化し，理論的には求まらない．そのため，ランキンなどの主働土圧，受働土圧を用い，切ばりなどの断面決定のためには経験的な土圧を用いている．図9.19は矢板が変形した場合の土圧分布を示している．矢板の上下は固定で中央部が外へ変形すると，上端部付

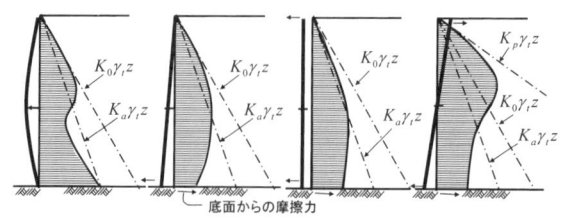

図9.19 壁の変形と土圧分布の傾向（山口，1985に加筆）

(a) 壁の上下端が固定　(b) 壁の上端が固定　(c) 壁全体が一様に前に移動　(d) 中央部で回転

近では相対変位が小さいので静止土圧状態に近く，下端付近はランキンの主働土圧のような状態にある．中央部をさらに上部と下部に分けてみると中央上部では土塊が落ち込むようになり，同時に上向きに大きな壁摩擦力が生じ，アーチ作用により，中央下部での鉛直土圧が軽減され，S字形の分布となっている．図9.19 (b)〜(d) の下端付近でも同様な傾向が得られるが，(b) では上部が静止土圧，下端がアーチ作用による土圧減少，(c) では主働土圧に近く，(d) では，上部が受働，下部アーチ作用による土圧減少の傾向が現れる．

演 習 問 題

9.1 裏込め地盤が水平で，高さ 6 m の背面が垂直の摩擦のない擁壁がある．土の湿潤単位体積重量が 20 kN/m³ で，内部摩擦角 36 度，粘着力 0 kN/m² であった．
　　（ⅰ）このときの主働土圧の合力と作用点の位置を求めよ．
　　（ⅱ）裏込め地盤の表面に 10 kN/m² の等分布荷重が一様に載っている場合の主働土圧の合力と作用点の位置を求めよ．

9.2 単位体積重量 19.6 kN/m³，$\phi=30°$ の地盤がある．図 A に示すような矢板 O 点まで 6 m を打ち掘削を行った．矢板が倒れないようにするにはどれだけの根入れ深さ D を残す必要があるか．ただし，矢板の先端 O 点は回転のみを許すと考える．

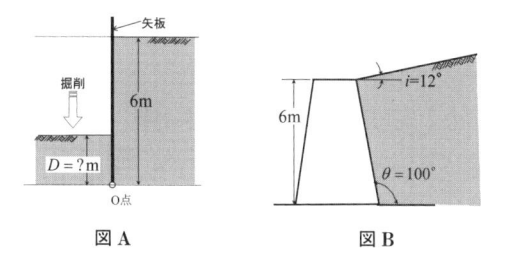

図 A

図 B

9.3 図 B のような背面の土が 12 度傾いた地盤を支えている擁壁に作用する主働土圧および受働土圧の合力を求めよ．ただし，裏込め土の単位体積重量 $\gamma_t=18.0$ kN/m³，内部摩擦角 $\phi=30°$，壁面摩擦角 $\delta=20°$ とする．

参考文献
1) 右城　猛：新・擁壁の設計法と計算例，pp.44-58，理工図書，1998．
2) 山口柏樹：土質力学（全改訂），pp.245，技報堂出版，1985．

10 支持力

　地盤の表面に物体を載せると，地盤の表面は，その物体の重さで変形して，沈下を起こす．この物体の重さを地盤に伝える部分を，基礎または基礎構造物という．基礎は，基礎の上に載る構造物や機器類などの重さを，地盤に伝える役目がある．この基礎の載荷する重さを大きくすると，変形は大きくなり沈下も増える．さらに重さを大きくしていくと，地盤の表面に起きる変形が進み，沈下の大きさも増して，最終的には破壊に至る．基礎から伝わる重さを地盤が支える能力を，地盤の支持力といい，その値の大きさは単位面積あたりで支える力（kN/m^2）で表す．

土と基礎，**49**(3)，No.518 口絵写真より

10.1　支持力理論

　地盤が破壊を起こすときの限界の重さ，すなわち限界荷重を求めるための理論を，**支持力理論**という．この限界荷重を**極限支持力**という．次のような方法が，伝統的な支持力理論の主流であった．

①破壊を起こす際の地盤を剛塑性体と見なして，任意に仮定した破壊面を設定し，塑性応力を計算する方法．

②破壊面上で，破壊基準と応力のつりあいを満足するように設定した方程式を数値積分して解析する方法．

　支持力を求めるための実用的な支持力公式は，①と②の考えや方法に，実験や経験を加えて設定されている．実際の地盤の組成や特性は，非常に複雑で均一ではなく，等質性でも等方性でもない．同じ場所の同じ位置の土でも，工学的な性質は微妙に異なっている．地盤は非常に個性的で，地域性が強い．したがって，地盤の挙動を，単純に説明することはできない．

　地盤工学が地盤を塑性体と扱うことは，地盤の特性を理想化しているので，塑性論を地盤の挙動の解明に適用するには限界がある．そこで，実状に近い地盤の挙動を解析することが必要になる．最近では，複雑な組成や地層の地盤に対しては，有限要素法などの数値解析手法を適用する例が増えている．

10.2 せん断破壊

　地盤の表面に載る基礎の重さ，すなわち載荷重が非常に小さいとき，地盤の表面はほとんど変化をみせないが，実際には微小な沈下が起きている．載荷重を大きくするにつれて，地盤の表面に起きる沈下は大きくなる．沈下量の大きさは，載荷重の大きさにほぼ比例して増えていく．このときの地盤は，**弾性体**としての特徴を示している．載荷重をさらに大きくして，ある限界の大きさを超えると，沈下量は載荷重との比例関係を外れて，大きくなる．このときの地盤は，**塑性体**としての特徴を示している．さらに載荷重を大きくすると，急激に沈下量が大きくなり，やがて載荷重を増やさないにもかかわらず沈下がどんどん進行し，地盤の表面に亀裂が起こり，基礎構造物自体が，転倒を起こす．このとき，基礎構造物の下面に接している地盤がつぶれるのではなくて，基礎の両側の地盤面が隆起する状態になる．この状態を，**地盤の破壊**という．地盤は，載荷重の大きさの増加に伴って，弾性体から塑性体に転じて，最終的に破壊に至る．破壊を起こすときの地盤は塑性体と見なされる．このような経緯を経て破壊する形態を**全般せん断破壊**といい，地盤の中には明瞭な破壊面が形成される．一方，明瞭な破壊面の発生がみられず，載荷重と接する地盤の表面付近で局部的な破壊が徐々に拡がるような破壊が生じることがある．このような破壊形態を，**局部せん断破壊**という．2つの破壊形態を図10.1の荷重-沈下曲線の関係で示す．

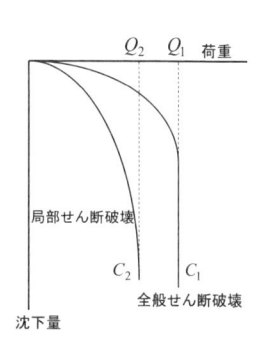

図10.1 全般せん断破壊と局部せん断破壊の荷重-沈下曲線

10.3 極限支持力

　地盤が全般せん断破壊を起こすときに，地盤の表面に載っている載荷重の大きさを**極限支持力**といい，大きさを単位面積あたりの力で表す．単に，**支持力**と呼ぶこともある．局部せん断破壊を起こした場合の地盤の極限支持力は，簡単に求めることができないので，様々な経験的な方法を用いて，極限支持力としている．

　地盤の極限支持力がわからないと，基礎を設計することができない．しかし実際には，このような破壊が生じてはならないのであるから，局部せん断破壊が生

じることがないように設計を行うために，極限支持力を求めることになる．

10.4 支持力公式

地盤の極限支持力を計算するための公式を，**支持力公式**という．一般に極限支持力を与える支持力公式は，土の粘着力，土の破壊面より上の載荷重，破壊面が形成する土塊の単位体積重量と基礎幅の3要素を加えあわせる形で表現される．この3要素は，無次元量で土の内部摩擦係数の関数で表され，**支持力係数**と呼ばれる．均一な地盤で，水平な表面の上に載る基礎の中心線上に，鉛直荷重が作用する場合の実用的な支持力公式を，プラントル（Prandtl），テルツァギー，マイヤーホフ（Meyerhof, G. G.）などが提案している．ここでは，浅い基礎の支持力公式としてプラントルの公式，テルツァギーの公式を，深い基礎の支持力公式としてマイヤーホフの公式を紹介する．

10.4.1 プラントルの支持力公式

塑性体と見なした地盤の表面に載せた基礎の分布荷重によって生じる破壊は，図 10.2 のように，その基礎の底面が，基礎下に位置するくさび形の土の塊を下方に押し下げ，そのためにくさび形の土の塊の両側の土が横方向に滑動することによって生じると考える．プラントルは図 10.2 中の α を $\pi/4+\phi/2$ とし，テルツァギーは ϕ とした．これが塑性理論に基づく地盤の破壊現象である．この塑性理論に基づいて，プラントルは，長い帯状の基礎が載っている地盤が破壊する限界の支持力，すなわち極限支持力を，式 (10.1) のように誘導した．図 10.2 中の領域 I は土くさび，領域 II は放射状せん断領域，領域 III はランキン受働土圧領域と見なす．

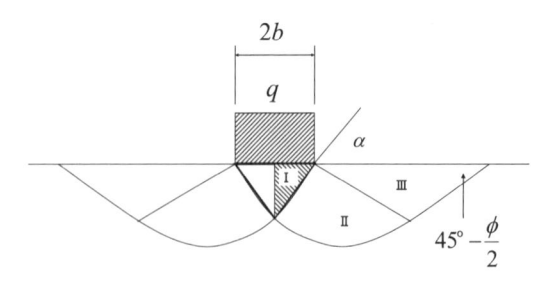

図 10.2　プラントルの理論における連続帯状荷重下の塑性破壊

$$Q_u = \left\{ c \cot \phi + \gamma b \tan\left(45° + \frac{\phi}{2}\right) \right\} \left\{ \tan^2\left(45° + \frac{\phi}{2}\right) e^{\pi \tan \phi} - 1 \right\} \quad (10.1)$$

ただし，Q_u：地盤の極限支持力（kN/m^2），c：粘着力（kN/m^2），ϕ：内部摩擦角，γ：土の単位体積重量（kN/m^3），b：基礎の幅の半分（m）である．

10.4.2 テルツァギーの支持力公式

上述の極限支持力よりさらに，一般的な状態の極限支持力を求める解を与えたのが，テルツァギーの公式である．この公式は，地盤の破壊の起こり方を2つに区別している．

地盤がせん断破壊を起こすとき，かなり密に締まっていたり，硬い地盤では，基礎の沈下が比較的小さいうちに，急激に破壊が起きる．この破壊形態を全般せん断破壊という．

かなりゆるやかだったり，やわらかい地盤では，基礎の沈下は比較的大きいにもかかわらず，徐々に破壊が進行する．この破壊形態を局部せん断破壊という．テルツァギーは，この2つの場合に応じて異なる係数を適用して極限支持力を求める計算式を式（10.2）のように誘導した．

$$Q_u = \alpha c N_c + \beta \gamma_1 B N_\gamma + \gamma_2 D_f N_q \quad (10.2)$$

ただし，Q_u：地盤の極限支持力（kN/m^2），B：基礎荷重面の最小幅（m），円形では半径，c：粘着力（kN/m^2），α，β：形状係数（表10.1参照），γ_1：基礎荷重面より下の地盤の土の平均単位体積重量（kN/m^3），γ_2：基礎荷重面より上の地盤の土の平均単位体積重量（kN/m^3），D_f：基礎の根入れ深さ＝地盤の表面から基礎底面までの深さ（m），N_c，N_γ，N_q：内部摩擦角ϕの関数で示される支持力係数である．

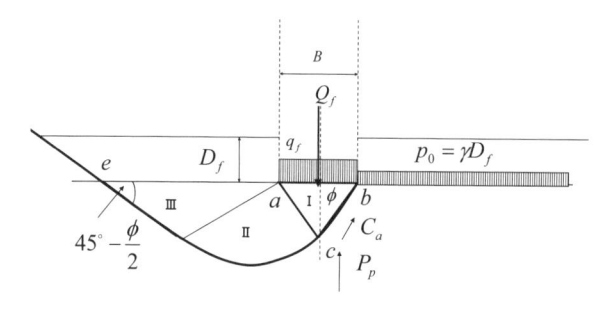

図10.3 テルツァギー理論における浅い基礎の支持力

表10.1 形状係数

形状係数	帯状連続	正方形	長方形	円形
α	1.0	1.3	$1+0.3\times B/L$	1.3
β	0.5	0.4	$0.5-0.1\times B/L$	0.3

表10.2 テルツァギーの支持力係数

ϕ	全般せん断破壊			局部せん断破壊		
	N_c	N_r	N_q	N_c	N_r	N_q
0	5.71	0	1.00	3.81	0	1.00
5	7.32	0	1.64	4.48	0	1.39
10	9.64	1.2	2.70	5.34	0	1.94
15	12.8	2.4	4.44	6.46	1.2	2.73
20	17.7	4.6	7.48	7.90	2.0	3.88
25	25.1	9.2	12.7	9.86	3.3	5.60
30	37.2	20.0	22.5	12.7	5.4	8.32
35	57.9	44.0	41.4	16.8	9.6	12.8
40	95.6	114.0	81.2	23.2	19.1	20.5
45	172	320	173	34.1	27.0	35.1

　式 (10.2) のテルツァギーの極限支持力公式を用いるときに，その地盤が全般せん断破壊を生じるのか，局部せん断破壊を生じるのかを判断することが必要になる．求まる支持力には大きな相違が生じるため，一般にどちらを選ぶかの判断は困難である．日本建築学会では，基礎構造の設計に利用できるように，内部摩擦角が小さくゆるい地盤では局部せん断破壊が生じ，内部摩擦角が大きく締まった地盤では全般せん断破壊が生じると考えて，図 10.4 のような，全般せん断破壊と局部せん断破壊の区別をしない実用的な支持力係数を定めている．

　式 (10.2) において土の単位体積重量は，土粒子間の有効応力として作用するものを採用すべきである．したがって，地下水位以下の部分については，水中単位体積重量 γ' を用いることになる．なお，γ' はフーチング底面より基礎幅 B の深さまでの平均単位体積重量を採用するとよい．なお，地下水が存在する場合に

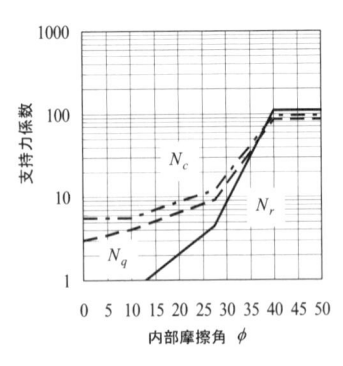

図10.4 日本建築学会の修正支持力係数

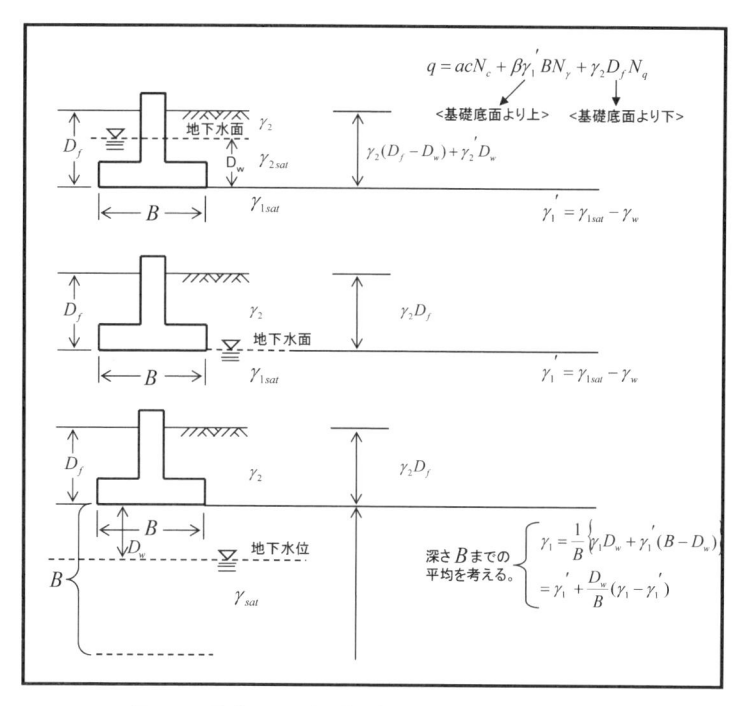

図 10.5 基礎の下の地下水の位置と単位体積重量の考え方

については,図 10.5 のようになる.

10.4.3 マイヤーホフの支持力公式

マイヤーホフは,根入れの深さ(地盤の表面から基礎底面までの深さ)が大きい,深い基礎を支える地盤が破壊するときは,図 10.6 のように,その基礎の先端から発生する曲線状の破壊面が地盤中に連続し,その破壊面は基礎の側面で閉じるものと考えた.このような破壊面を仮定することで,マイヤーホフは,式 (10.3) にあげるような極限支持力を与える式を示した.

$$Q_u = \gamma B N_\gamma + p_0 N_q + c N_c \tag{10.3}$$

ただし,Q_u:地盤の極限支持力 (kN/m²),γ:地盤の土の平均単位体積重量 (kN/m²),B:基礎底面の最小幅 (m),円形では半径,p_0:基礎の側面に作用する平均垂直応力 (kN/m²),c:粘着力 (kN/m²),N_γ, N_q, N_c:内部摩擦角 ϕ の関数で示される支持力係数である.

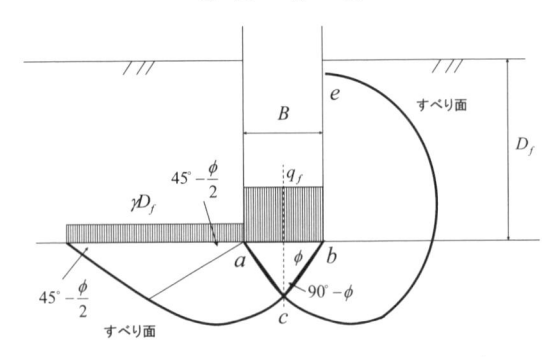

図 10.6 深い基礎に対するマイヤーホフとテルツァギーの支持力の考え方

　結果として，マイヤーホフの支持力公式は，テルツァギーの支持力公式とまったく同じような形で表されている．根入れ深さに比べて基礎幅が小さい杭基礎になると，式 (10.3) 中の $\gamma B N_\gamma$ の項を考えずに，かわりに杭周囲と接する地盤との周面摩擦抵抗を考慮する．結果，式 (10.4) が得られる．

$$Q = (p_0 N_q + c N_c) A_p + f_s A_s \tag{10.4}$$

ここで，Q：杭の支持力，A_p：杭の断面積，f_s：平均的な摩擦力，A_s：杭の側面積である．

　また，マイヤーホフは，支持力層の砂や礫地盤の ϕ が現実時には決められないと考え，杭先端地盤のコーン支持力 q_c を測定することによって実用的な次式を提案した．

$$Q = q_c A_p + \frac{1}{200} \overline{q_c} A_s \tag{10.5}$$

このコーン支持力と N 値とは相関性があり，杭が粘性土地盤中に打ち込まれていることも考慮し，地盤の N 値から支持力を推定する式も次式のように導いている．

$$Q = 40 \overline{N} A_p + \frac{1}{5} \overline{N}_s A_s + \frac{1}{2} \overline{N}_c A_c \tag{10.6}$$

ここで，この式の第1項の $40 \overline{N}$ は杭先端地盤の極限支持力を表し，第2項，第3項の $1/5 \overline{N}_s$，$1/2 \overline{N}_c$ はそれぞれ砂質土層，粘性土層の周面摩擦力を示している．なお，ここで示す N はそれぞれの土層の平均的な N 値である．

10.5 許容支持力

地盤にせん断破壊を起こしてはならないのであるから，地盤の表面に載せることが許される最も大きな荷重の大きさは，極限支持力より小さくなくてはならない．この極限支持力より小さな荷重の値を設定して，基礎の設計に用いる．この値を**許容支持力**という．通常は，地盤の破壊に対する極限支持力を与える公式を用いて算定した結果を，安全率で割って，許容支持力を求める方法が用いられる．安全率には3をとることが多い．**浅い基礎**，**深い基礎**，**杭基礎**など，基礎の形状や種類に応じて，安全率を考慮したそれぞれの許容支持力を計算する公式が求められている．

$$Q_0 = \frac{Q_u}{F} \qquad (10.7)$$

ここで，Q_0：許容支持力，Q_u：極限支持力，F：安全率である．

10.5.1 接地圧と地盤反力

荷重を基礎の底面を通して地盤に伝えるとき，地盤に及ぼす圧力を**接地圧**という．この接地圧を，基礎から地盤へ作用する方向とは反対の地盤から基礎の底面に向かって作用する反力と見なすとき，この反力を**地盤反力**という．接地圧は，基礎や地盤の性質によって異なる分布を示す．接地圧や地盤反力を考える際，通常は，地盤を均質な半無限弾性体と仮定し，基礎には等分布荷重が作用する状態

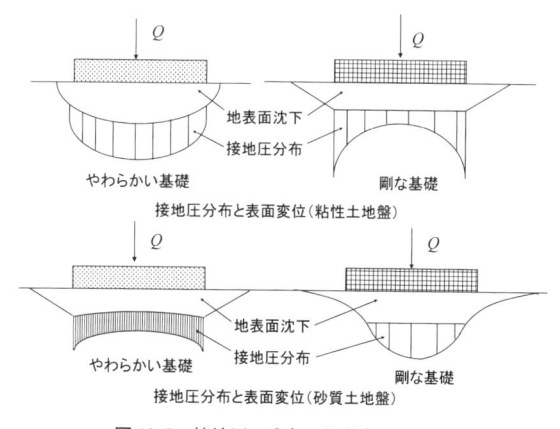

図 10.7 接地圧の分布と基礎底面の沈下

と見なす．図10.7のように，粘性土地盤の上に載ったやわらかい基礎の接地圧の分布形状は等分布で，硬い剛な基礎の接地圧は両端部が最大で中央部が最小の値を示す荷重分布になる．砂質土地盤の上に載ったやわらかい基礎の接地圧は等分布で，硬い剛な基礎の接地圧は中央部が最大の値を示す分布になる．

10.5.2 基礎の沈下と許容地耐力

安全な基礎を設計するには，沈下を予測することが必要である．沈下には，**弾性的沈下**，**塑性的沈下**，**圧密沈下**が含まれる．本章では，塑性的沈下を主な対象にしている．基礎から地盤に伝えられる荷重が，許容支持力よりも小さくても，かなり大きな沈下が生じる場合がある．その場合，基礎の上に載る上部構造物に悪影響を与えないような沈下量，すなわち**許容沈下量**を定める必要がある．この許容沈下量を超えないように定めた支持力と，せん断破壊を起こさないように定めた許容支持力を比較して，小さいほうの支持力の値を**許容地耐力**という．基礎は，許容地耐力を用いて設計する．

基礎の底面を通して地盤に荷重が伝わるとき，地盤の変形に伴い基礎が沈下する．図10.7のように，硬い剛な基礎は，均等に沈下する．やわらかい基礎の下が粘性土地盤では中央部が大きく凹むように沈下を生じる．しかし砂質土地盤では，中央部が凸状に反って基礎の両端部が大きく下がるように沈下する．

10.5.3 多層地盤の支持力

基礎の大きさに比べて基礎の下の地盤を構成する土層が十分に厚い場合，その地盤の支持力は前述のような均一地盤の支持力公式を用いて計算する．しかし，基礎下の土層が薄ければ，その下方の地層の影響を考える必要がある．このような複数の土層から構成される**多層地盤**の支持力を求めるために，土層の数，基礎の幅と土層の厚さなどの条件を組み入れた理論や実用式が提案されている．一般には，多層地盤のせん断破壊では複数の土層を通過する1つの円弧状の破壊面を仮定した円弧すべり計算法が慣用されている．

10.6 基礎の支持力

本来，**浅い基礎**とは，テルツァギーの浅い基礎に対する支持力理論の適用ができることで浅い基礎としていた．あるいは支持力を求めるときに仮定する破壊面が，地表面に達するものを浅い基礎として，深い基礎と区別した．具体的には，

10.7 杭基礎の支持力

根入れ幅比（基礎の幅と根入れの深さの比）が1以下の基礎を，浅い基礎と呼び慣わしていた．しかし，最近この定義はあいまいになっており，浅い基礎は，杭などを用いないで，地盤が直接支持する直接基礎と同じ意味に使われている．

浅い基礎の支持力をテルツァギーの公式を用いて計算する場合，すなわち直接基礎を安全に設計するには，沈下量を予測し，沈下による悪影響が発生しないように注意をはらうことが必要である．

深い基礎とは，支持力を求めるときに仮定する破壊面が地表面に達しないで，地盤内で閉じるもので，根入れ幅比が1より大きい基礎を意味している．深い基礎の支持力は，基本的には浅い基礎と同様の支持力理論で求めるが，基礎底面より上方の土の塊部分の影響を考慮する必要がある．深い基礎の支持力を求めるには，通常は，マイヤーホフの公式を用いるが，テルツァギーの公式を用いることもある．ケーソンや杭基礎などが深い基礎であるが，一般的に杭基礎は，設計でも施工でも，別の構造体として扱う．

10.7 杭基礎の支持力

杭基礎の設計では，杭基礎の許容支持力，杭基礎の許容変位量，杭本体の許容応力度を求め，最も小さな値を与えるものを，許容地耐力とする．しかし杭本体の許容応力度は，材料強度が大きい杭を採用すること，杭の本数を増やすこと，上部構造物を改良して基礎に作用する荷重を減らすように工夫すること，などの方法を採用して緩和することができる．

鉛直杭が，地盤によって支持できる限界の鉛直荷重を，**杭の鉛直極限支持力**という．鉛直の語を省いて，単に**杭の支持力**ということもある．杭の鉛直支持力は，杭の**先端支持力**と杭の**周面摩擦力**からなる．先端支持力を杭先端の断面積で割った値を**先端支持力度**といい，周面摩擦力を杭の周囲面積で割った値を**周面摩擦力度**という．

杭基礎は，単独で採用することは少なく，図10.8のように多数の杭を適当な間隔で配置して，杭の集合体とし，構造物と一体化することが多い．この杭の集合体を**群杭**という．杭の間隔を密に打ち込んだ群杭基礎では，杭は個々に

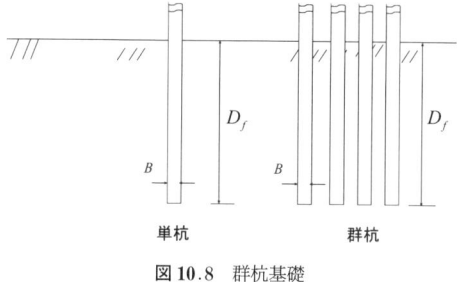

図10.8　群杭基礎

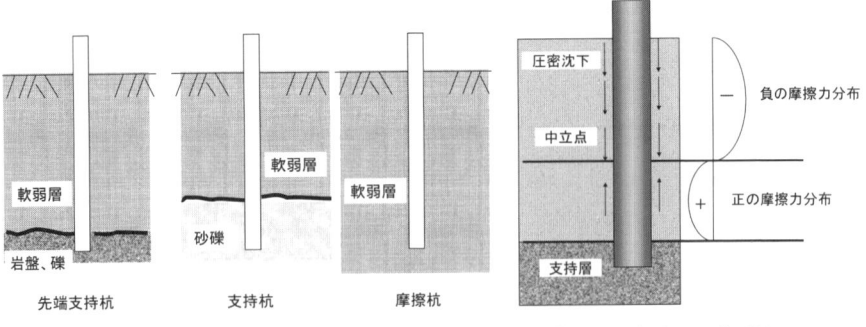

図 10.9 支持杭と摩擦杭

図 10.10 ネガティブフリクション

独立して機能しないで，群杭全体が1つの塊となった基礎として働く．この働きを，**群杭効果**という．

先端の支持力を期待する杭を**支持杭**といい，杭先端を支持層まで到達させずに周面摩擦を期待する杭を**摩擦杭**という（図 10.9）．

周面摩擦は鉛直上向きに抵抗するものとして考えるが，図 10.10 のように杭の周辺地盤が圧密沈下を起こすと，杭周面に作用する摩擦力は地盤の沈下とともに鉛直下向きに働き，杭にかかる荷重が増加する．その結果，支持力は杭本体や本来，構造物を支えうる地盤（支持層）を破壊させることがある．このような摩擦力の作用を，**ネガティブフリクション**，負の周面摩擦という．

鉛直支持力は，杭の載荷試験，支持力公式，杭打ち試験などを用いて推定する．この3つの方法のうち，最も確実に支持力を求めることができる方法は，杭の載荷試験である．支持力公式には，多数の提案がある．最も多く利用されている公式は，標準貫入試験から測定される打撃回数 N 値を用いて支持力を推定するものである．杭打ち試験を杭の支持力の推定に用いるには，精度が確実性を欠いて問題が多いので，試験結果を適用するにあたっては，十分な注意をはらうことが必要である．

演 習 問 題

10.1 全般せん断破壊と局部せん断破壊の違いについて説明せよ．
10.2 許容支持力の考え方について述べよ．
10.3 接地圧と地盤反力について説明せよ．

10.4 地表面から 1.8 m の位置に地下水面があり，その位置まで幅 2 m の連続帯状基礎を建設する．全般せん断破壊を仮定して極限支持力を求めよ．根入れ部分の湿潤単位体積重量を $\gamma_{t1}=17.7$ kN/m³，地下水面下の飽和単位体積重量を $\gamma_{t2}=21$ kN/m³．土の内部摩擦角を 25 度，土の粘着力を 11 kN/m² とする．

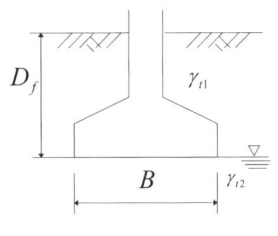

10.5 問 10.4 において，湿潤単位体積重量と飽和単位体積重量が変わらず，土の内部摩擦角が 25 度から 20% 減少したと想定する．地盤の極限支持力はどの程度小さくなるか．

図 A

参考文献

1) 地盤工学会編：土質工学用語辞典，地盤工学会，1990．
2) 土質工学会土質工学ハンドブック改訂編集委員会編：土質工学ハンドブック，土質工学会，1982．
3) 日本建築学会編：建築基礎構造設計規準・同解説，日本建築学会，1978．
4) 小林康昭・小寺秀則・岡本正広・西村友良：実用地盤・環境用語辞典，山海堂，2004．
5) 河上房義：土質力学（第 7 版），pp.187-197，森北出版，2001．
6) 杉本光隆ほか：土の力学，pp.134-145，朝倉書店，2000．
7) 岡二三生：土質力学，pp.255-247，朝倉書店，2003．

11 斜面安定

　堤防，アースダム，盛土などの斜面勾配をもつ土構造物や自然の地盤では安定性が問題となる．この斜面の安定問題は土質工学において重要な項目の1つである．地表面が水平ではなくなる勾配をもつことで，土中内部に斜面下方へ移動しようとする力が働き，この移動しようとする力が土のせん断強さを越えるとその斜面は崩壊する．斜面崩壊は斜面内のバランスの消失，地震，地下水位の変化による土の単位体積重量の増加，土の有効応力の減少などが原因でその安定性が低下し，起きている．斜面は一挙に崩れるときや時間を要する場合がある．またその規模も大きな崩壊から小さな崩れまで様々である．

11.1　斜面の安全率の考え方

　斜面が崩れに対して安定であるか，または危険な状態であるかを検討するには斜面の表面の様子を観察・観測するだけでは十分ではない．複雑な地層構成をもつ斜面内部にすべり面を想定し，すべり面上に働く力のつりあいから安定度を数値化して斜面の安定性を予測する必要がある．図11.1のように斜面内のすべり面上の土塊が**すべろうとする力**と**すべりに抵抗しようとする土の抵抗力**の比が**安全率**（式(11.1)）となる．

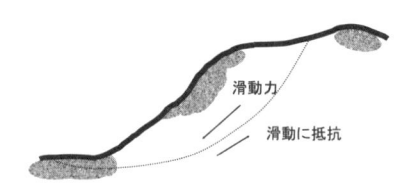

図11.1　斜面安定の考え方

$$安全率 = (すべりに抵抗しようとする土の力) \div (すべり面上での土塊がすべろうとする力) \quad (11.1)$$

式(11.1)のすべりに抵抗しようとする土の力を斜面内の土のせん断強さに改めると安全率は式(11.2)となる．

$$安全率 = (土のせん断強さ) \div (滑動力) \quad (11.2)$$

よって，安全率が1よりも大きければ斜面は安定，安全率が1よりも小さければ斜面内に想定したすべり面に沿って破壊することになる．ちょうど，安全率が1のときには，すべらせようとする力と，すべりに抵抗しようとする力がつりあっ

11.2 斜面の破壊形式

自然斜面の内部の地層が不均質であることや，斜面形状が複雑であることから，斜面崩壊の形式には違いがある．崩壊を起こした後のすべり面を見ると**円弧すべり面，平面すべり面**，円弧や平面すべり面のどちらともいえないすべり面に大別できる（図 11.2）．一方，斜面の安定解析を行う場合には，一様な斜面が半無限に広がる斜面，斜面の長さが有限であり斜面の肩より上の地表面と斜面先より下の地表面が水平な形状に分けて考える．

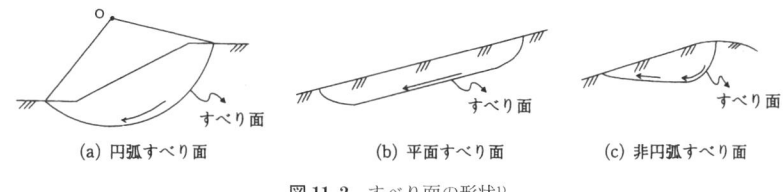

(a) 円弧すべり面　(b) 平面すべり面　(c) 非円弧すべり面

図 11.2　すべり面の形状[1)]

一様かつ半無限に広がる斜面のすべり面は，斜面表面から浅い位置にあると考えられる．一方，**円弧すべり**の破壊形式は，斜面の勾配（斜面の傾斜角），斜面高さ，斜面下の固い地層の位置とその固さ，土の内部摩擦角が影響し，図 11.3 のように**斜面先破壊，底部破壊，斜面内破壊**に分けることができる．

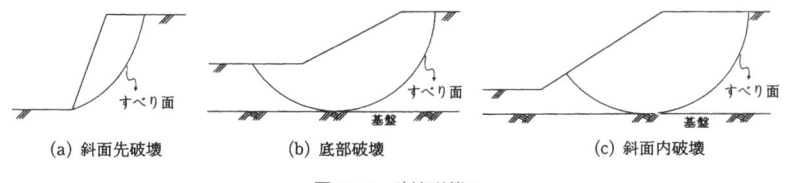

(a) 斜面先破壊　(b) 底部破壊　(c) 斜面内破壊

図 11.3　破壊形態[1)]

斜面先破壊とは，円弧すべり面の先が斜面の先（斜面の下端）を通るような破壊形式である．比較的斜面の傾斜が急で粘着性を示す土の場合に起こりやすい．底部破壊とは，崩壊したすべり面の下端が斜面の先あるいは斜面内ではなく，離れた地表面のところの場合の破壊形式をいう．斜面の勾配がゆるやかで，やわらかな土の場合にみられ，斜面表面から深い位置にすべり面が位置することになる．一方，基盤地盤が斜面内に位置する場合や，斜面内に硬い地層がある場合にはすべり面の下端が斜面内にみられる．このような破壊の形式は斜面内破壊である．

11.3 安定計算の基本的な考え方

斜面の安定計算の考え方を理解しやすいようにするために，広がりをもつ一様な直線斜面内の平面すべりを考える．平面すべり面の傾斜角は斜面表面の勾配と同じとする．

直線斜面が水平に近いときには十分に安定しているといえるが，斜面勾配角を大きくしていくと，すべり面上には斜面下方に向かって作用する力（滑動力）が増加し，安定性が少しずつ小さくなり，斜面は極限状態となる．そのときの傾斜角を θ とする（図11.4）．

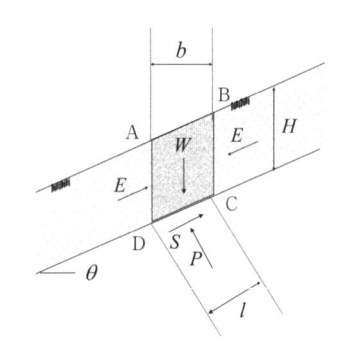

図11.4 無限に広がる直線形状の斜面

極限状態において，斜面の表面と平面すべり面および直線で囲まれた土塊ABCDを考える．土塊ABCDの面ADとBCには，側面から力 E が作用しているが，力 E は方向が相反する同じ大きさの土圧として仮定するので，互いに消し合うことができる．

次にすべり面に作用する2つの力を求めることにする．土塊ABCDにおいて，すべり面は面DCには垂直方向の力とすべり面の方向の力が作用することになる．ここで，すべり面DCに対して垂直な方向の力 P は式（11.3）から求められる．また，すべり面DC方向の力 S は式（11.4）から求められる．

$$P = W \cos \theta \tag{11.3}$$

$$S = W \sin \theta \tag{11.4}$$

ここで P：すべり面に垂直に作用する力，S：すべり面方向に作用する力，W：土塊ABCDの重量，θ：すべり面の傾斜角である．

斜面の安定度の考え方からすると，土塊ABCDに対して，すべらせようとする力は式（11.4）である．この滑動力が面DCに伝わり，土の抵抗力が式（11.5）のせん断破壊条件に準じるとすると，すべり面付近の土のせん断抵抗力が土の粘着力 c，内部摩擦角 ϕ を使って式（11.6）に表現できる．

$$\tau = c + \sigma \tan \phi \tag{11.5}$$

$$\tau_f = cl + P \tan \phi \tag{11.6}$$

ここで，τ：土のせん断強さ，c：土の粘着力，σ：垂直応力，ϕ：土の内部摩擦角，τ_f：土のせん断抵抗力，l：土塊ABCDがすべり面と接している長さ，P：

垂直力である．

　よって直線斜面で起きる平面すべり面の安全率は，式 (11.7) で求められる．

$$F = \frac{P \tan \phi + cl}{S} = \frac{P \tan \phi + cl}{W \sin \theta} = \frac{W \cos \theta \tan \phi + cl}{W \sin \theta} \tag{11.7}$$

ここで土塊の重量 W は式 (11.8) で求められる．

$$W = \gamma_t \times b \times H \tag{11.8}$$

γ_t：土塊 ABCD の湿潤単位体積重量，b：土塊 ABCD の幅，H：土塊 ABCD の高さ（深さ）である．

　式 (11.8) を式 (11.7) に代入すると安全率は式 (11.9)，(11.10) となる．

$$F = \frac{\cos \theta \tan \phi}{\sin \theta} + \frac{cl}{W \sin \theta} = \frac{\tan \phi}{\tan \theta} + \frac{cl}{\gamma_t b H \sin \theta} \tag{11.9}$$

$b = l \cos \theta$ なので，$l = b / \cos \theta$

$$F = \frac{\tan \phi}{\tan \theta} + \frac{cl}{\gamma_t b H \sin \theta \cos \theta} = \frac{\tan \phi}{\tan \theta} + \frac{c}{\gamma_t H \sin \theta \cos \theta} \tag{11.10}$$

よって，直線斜面の安全率が斜面の傾斜角（平面すべり面の傾斜角），斜面表面からすべり面までの深さ，土の内部摩擦角，粘着力，土塊の湿潤単位堆積重量に関係していることがわかる．ここで，斜面の表面を覆う土に粘着力 c がない場合には，式 (11.10) の安全率は $\tan \phi / \tan \theta$ となる．安全率 F が 1 のとき，土の内部摩擦角 ϕ がすべり面の傾斜角 θ に等しい．このときの ϕ を安息角と呼び，粘着力のない土が斜面の安定を保つ最も急な傾斜角を意味する．

11.4 分割法

　図 11.5 のような斜面ののり先とのり肩が水平で，有限な長さをもつ斜面の安定計算を分割法により説明する．分割法は，円弧形状のすべり面と地表面で囲まれた土塊を有限個に分割する方法である．分割したスライスのそれぞれのすべり面上における滑ろうとする力と土のせん断抵抗力から安全率を算定する．

　まず，分割法では図 11.5 のように斜面表面から離れた位置に点 O をとり，その点 O を中心に半径 R の円弧が斜面内を通るように円弧を描く．この円弧が

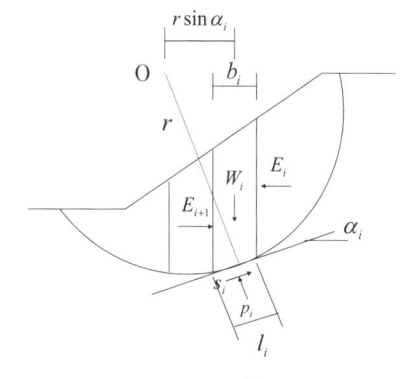

図 11.5　分割法

すべり面であり，このすべり面と斜面表面で挟まれた土塊の部分を有限個のスライスに分割する．スライスの大きさや個数は想定する円弧の中心と半径の大きさによって変わる．

　すべり面に作用する力と，円弧の中心 O に対するモーメントのつりあいを考えることにする．スライスに分割した土の面積と密度から求められる重量を W_i として，円弧の中心 O から個々のスライスの W_i が作用する点までの水平距離は $R \sin \alpha_i$ である．よって，すべらせようとするモーメントは重量と水平距離との積であるから $W_i R \sin \alpha_i$ となり，その滑動モーメントの総和は式 (11.11) で表される．

$$\text{滑動モーメントの総和} = \sum W_i R \sin \alpha_i \qquad (11.11)$$

　次に，抵抗モーメントを求める．スライスの下面のすべり面上には，土の抵抗力（土のせん断強さ）が働いている．個々のスライスで発揮される抵抗力に円弧の半径 R を乗じた値が抵抗モーメント RS_i となる．これらの抵抗モーメントの総和は式 (11.12) で表され，抵抗モーメントの総和と滑動モーメントの総和から式 (11.2) の安全率を求めると式 (11.13) のようになる．

$$\text{抵抗モーメントの総和} = \sum RS_i \qquad (11.12)$$

$$F = \frac{\sum RS_i}{\sum W_i R \sin \alpha_i} \qquad (11.13)$$

11.5　スウェーデン法

　一般に，斜面安定計算には**スウェーデン法**と**ビショップ**（Bishop）**法**の 2 つの手法が広く用いられている．スウェーデン法は別名，**フェレニウス**（Fellenius）**法**と呼ばれている．

　スウェーデン法は，直線斜面の安定計算のときと同様に分割したスライス側面に作用する 2 つの力（土圧）を考慮しない方法である．よって，それぞれのスライス重量，すべり面と接する部分を直線に近似した長さ，すべり面の勾配，すべり面に垂直方向に作用する力，すべり面に沿うせん断力を求める必要がある．

　分割法による円弧すべり安定計算で，スライス間の力を考慮し，またすべり面での土の間隙水圧を計算に取り入れた手法がビショップ法である．ビショップの簡易法とも呼ばれている．間隙水圧を考慮することから，有効応力解析となる．スウェーデン法とビショップ法以外にも，ヤンブー（Janbu）法やスペンサ（Spencer）法，モルゲンスタン・プライス（Morgenstern–Price）法などがあ

る．ヤンブー法は非円形すべり面やすべり面が単一でない斜面の安定の検討に使われる方法である．

11.6 臨界円と摩擦円法

　斜面内に想定するすべり円（円弧）の大きさ（半径の大きさ）やすべり円の位置が変わると，計算される安全率の値は変化する．求められた安全率の中で，最も小さな安全率をもつすべり円を**臨界円**（図11.6）という．この臨界円を求めるには上述した分割法以外にも**摩擦円法**（図11.7）がある．摩擦円法とは半径 R の円弧すべり面に作用する反力の合力が，斜面表面上に描かれる円に接するという考えに基づいている．その円は**摩擦円**と呼ばれ，すべり円の半径 R に $\sin\phi$ を乗じた値（$R\sin\phi$）をもつ．ここで，ϕ は土の内部摩擦角を示す（図11.7）．

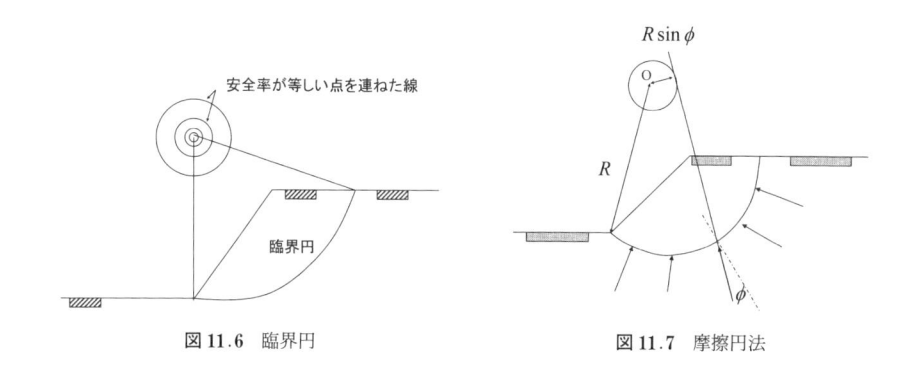

図11.6　臨界円

図11.7　摩擦円法

11.7 安定図表・深さ係数と限界高さ

　テイラー（Taylor, D. W.）は，粘着力をもつ斜面のすべり面の形状を円弧すべりと仮定し，**安定係数**，**深さ係数**，斜面傾斜角および破壊形式の関係をとりまとめる．

　図11.8は土の内部摩擦角が0度（$\phi=0°$）のときの安定係数 N_s と斜面傾斜角の関係を示している．安定係数とは，土の密度，見かけの粘着力，斜面の限界高さから求められる係数であり，式（11.14）で定義される．図11.8では，斜面傾斜角が大きくなると安定係数が小さくなり，斜面傾斜角が53度を越えると，斜面先破壊が起きる．

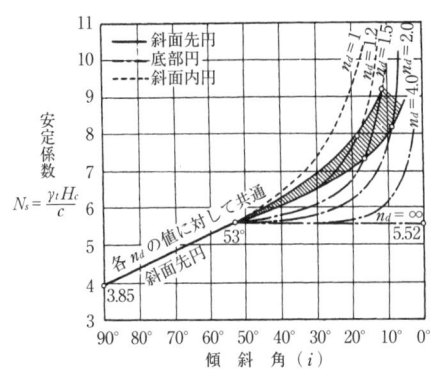

図11.8 安定係数と斜面勾配，深度係数の関係 ($\phi=0$)[2]

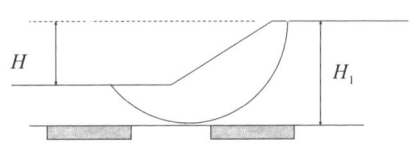

図11.9 深さ係数

$$N_s = H_c \frac{\gamma_t}{c} \tag{11.14}$$

ここで，N_s：安定係数，H_c：斜面の限界高さ (m)，c：斜面内の土の見かけの粘着力 (kN/m²)，γ_t：斜面内の土の単位体積重量 (kN/m³) である．

斜面傾斜角が53度以下では，深さ係数 n_d の値によって破壊形式が斜面先破壊，底部破壊，斜面内破壊に分類されている．深さ係数 n_d は，図11.9のように斜面の高さ H に対する予想すべり面の斜面肩地表面からの深さ H_1 の比を表しており，式 (11.15) から求めることができる．深さ係数が大きくなれば，硬い地層が斜面の表面から深い位置にあるので，斜面内破壊から斜面先破壊，さらには斜面底部破壊に移り変わる．

$$n_d = \frac{H_1}{H} \tag{11.15}$$

ここで，n_d：深さ係数，H_1：斜面肩地表面から硬い地層までの深さ (m)，H：斜面の高さ (m) である．

さて，式 (11.14) から求められる斜面の限界高さと斜面高さとの比から，式 (11.16) のように安全率

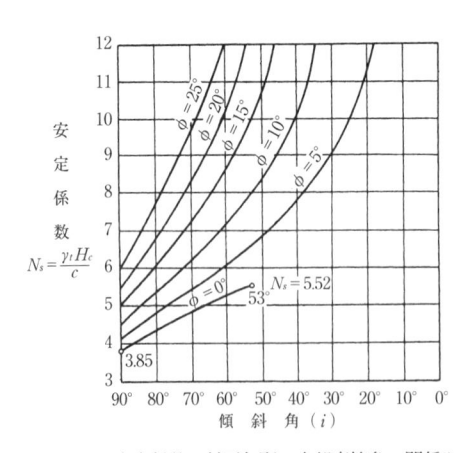

図11.10 安定係数，斜面勾配，内部摩擦角の関係[2]

F_s を定義することができる．

$$F_s = \frac{H_c}{H} \tag{11.16}$$

ここで，H_c：斜面の限界高さ（m），H：斜面の高さ（m）である．

さらに内部摩擦角がゼロでない場合，斜面傾斜角と安定係数の関係は図 11.10 のように土の内部摩擦角が大きくなることで，安定係数が大きくなる．よって斜面の限界高さ H_c が高くなることがわかる．

演 習 問 題

11.1 円弧すべりの破壊形態をあげよ．
11.2 分割法による斜面の安定計算では何を使って安全率を求めるか述べよ．
11.3 一般に広く用いられている斜面安定計算法をあげよ．
11.4 臨界円について説明せよ．
11.5 斜面傾斜角 30 度をもつ図 A のような斜面がある．斜面の高さが 5 m，斜面肩地表面から硬い地層までの深さが 10 m であった．（ⅰ）この斜面の破壊形式を求めよ．また（ⅱ）限界高さを算出し，安全率を求めよ．斜面内の土の内部摩擦角 $\phi = 0°$，粘着力 $c = 20$ kN/m²，湿潤単位体積重量を 16 kN/m³ とする．

図 A　　　　図 B

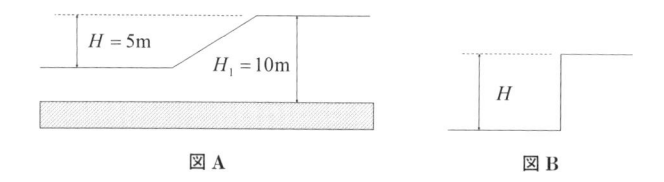

11.6 前問の斜面内の土が内部摩擦角 $\phi = 5°$ の大きさがあったとした場合の限界高さと安全率を求めよ．
11.7 鉛直に近い状態の斜面がある．この土の内部摩擦角 $\phi = 0°$，粘着力 $c = 15$ kN/m²，湿潤単位体積重量 17.5 kN/m³ であった．安全率が 1.5 を保ちながら安定した状態の斜面高さ H を求めよ．
11.8 図 C のような斜面の安全率を分割法により求めよ．ただし，円弧の中心角は $\beta = 63.5°$，半径 15.15 m である．土の粘着力 $c = 20$ kN/m²，土の内部摩擦角 $\phi = 20°$，粘着力 $c = 20$ kN/m²，湿潤単位体積重量を 16.5 kN/m³ である．また分割したそれぞれのスライスの面積とスライス底面の接線傾斜角を表 A にまとめた．

図 C

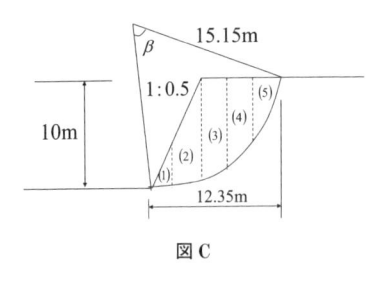

表 A

スライス番号	(1)	(2)	(3)	(4)	(5)
スライスの面積（m²）	3.6	18.15	22.35	13.95	1.96
スライス奥行き1mあたりの体積（m³）	3.6	18.15	22.35	13.95	1.96
スライスの重量 W_i（kN）					
スライス底面の傾斜角 α_i（度）	11.3	20.1	35	49.4	65
$\sin \alpha_i$					
$\cos \alpha_i$					
$W_i \sin \alpha_i$					
$W_i \cos \alpha_i$					

参考文献
1) 杉本光隆ほか：土の力学，朝倉書店，2000．
2) 河上房義：土質力学（第7版），森北出版，2001．
3) 石原研而：土質力学（第2版），丸善，2001．
4) 柴田　徹編著：地盤力学，山海堂，2003．

12 土の動的性質

これまでの章では，土の静的な問題，すなわち一定荷重が継続して作用している状態における土の挙動を中心に取り扱ってきた．

しかし，わが国のような地震国では，地盤や土構造物が地震力を受けた際の，強度や変形特性，安定性などが問題になることも少なくない．このような動的な力が加わった際の土の力学的特性については「土の動的性質」と呼ばれ，地盤工学の重要な課題の1つとなっている．

写真は阪神・淡路大震災（1995年兵庫県南部地震）の際に，液状化によって大きな被害を受けたポートアイランドの岸壁の様子である．ゆるく堆積した飽和砂地盤では，地震によって地盤が，まるで液体のような性状になる「液状化現象」が生じる．激しい噴砂を伴って液状化した地盤は，強度や支持力が失われ，もはや構造物を支えることができなくなってしまうだけでなく，地盤そのものが大きく流れ出す流動現象が生じることもある．技術者としてこうした被害を防ぐためには，土の動的性質を知り，想定される被害に応じた適切な対策を講じなくてはならない．

液化化現象で被害を受けた護岸
(1995年兵庫県南部地震)

12.1 地盤の動的問題

土に加わる外力を考えるとき，静的に対する動的という言葉からは，外力の作用が急速である，あるいは作用時間が短いという印象をもちやすい．しかし，土質力学の分野で用いられる「**動的**」という意味は，載荷速度や時間の長短を直接的に表すのではなく，載荷と除荷が繰返し作用する，という意味で用いられている．したがって，その外力が加わる時間と周期，繰返し回数は，その発生源と対象事象によって異なっている．

地震力はまさに動的な外力であるが，例えば，自動車や鉄道の走行に伴う交通荷重や，繰返し寄せる波による波浪荷重，機械振動などで生じる力もまた動的な外力（荷重）となるのである．こうした動的荷重に対する土の挙動のことを**土の動的挙動**と呼び，地盤

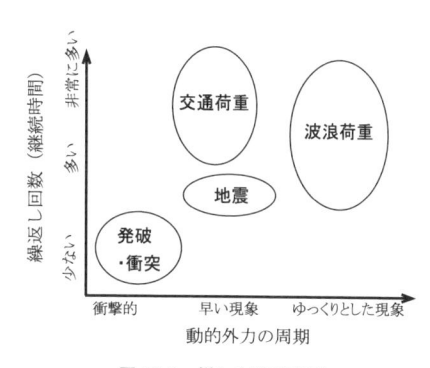

図 12.1 様々な動的問題

や土構造物に生じる様々な問題を**地盤の動的問題**と呼んでいる．地盤の動的問題には，地震時の地盤災害，交通荷重による盛土の沈下や振動被害，波力による洗掘など，様々な問題が含まれている．

地盤の動的問題の中でも，日常生活に最も深刻な影響を与えるのはやはり**地震時の地盤災害**である．地震時の地盤災害には，地盤の沈下や亀裂，振動被害，斜面崩壊や土石流，液状化の発生などがあげられる．特に，飽和した砂地盤で生じる液状化現象は，これまでの大きな地震でたびたび発生し，地盤や構造物に甚大な被害をもたらしてきている．

12.2 液状化現象

液状化現象が認識される契機となったのは，1964年の新潟地震である．日本海を震源として新潟市を襲ったこの地震では，砂を含んだ泥が，人の腰の高さまでも吹き上げ，空港ビルやアパートが大きく沈下したり，傾いて転倒したりする被害が生じた．建物の転倒は，地震動の動きにあわせて転倒したのではなく，大きな揺れが収まった後も，ゆっくりと時間をかけて沈下・転倒していったことが報告されている．また，信濃川沿いの地域では，噴砂，噴水と同時に護岸が崩壊して，護岸背面の地盤が大きく川に向かって流れだした．その後も大きな地震が発生するたびに液状化による被害の発生が報告されている．

1995年の阪神・淡路大震災では，埋立地の大規模な液状化によって甚大な被害が生じたことで一般の人々にも液状化現象という言葉が認知されるようになった．

液状化現象とは，その言葉通り，地震時に地盤があたかも液体のようになってしまう現象である．地盤が液状化すると，その強度や剛性が失われてしまい，盛土などの土構造物は容易に

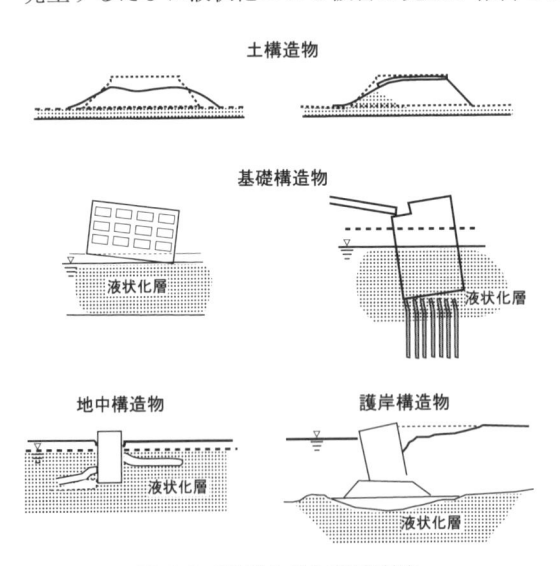

図 12.2 液状化に伴う構造物被害

崩壊・流出する．また，地盤が構造物を支持することができなくなり，石油タンクや住宅などが沈下して傾いたり，転倒が生じたりする．一方で，液状化した地盤は，比重の大きな泥水と同じような性状を示すので，内部の大部分が空洞で占められているマンホールや地下タンクなどの「みかけ比重」の小さな構造物は浮き上がる．図12.2は，液状化による構造物被害を模式的に表したものである．

12.3 液状化のメカニズム

地震動によって地盤に加わる外力と，砂の非排水繰返しせん断特性について説明する．地震が発生すると，そのエネルギーは波動となって震源から地表面に伝わっていき，地表近くではほぼ真っすぐ上向きに伝わる．この波動によって地盤には動的な外力が加わることになる．この外力は，大きく分けて地震波の**P波**（**粗密波**）に伴う**繰返し圧縮（引張り）力**と，**S波**（**せん断波**）に伴う**繰返しせん断力**に分けられるが，このうち地盤の変形に大きくかかわるのはS波である．

P波を想定して図12.3に示すように，土の要素に上下方向から圧縮力（$\Delta\sigma_1$）を加える．土要素が拘束されていなければ，圧縮されると側方に変形する．しかし，実際の地盤内では，圧縮力を受けた要素も水平方向に拡がろうとして，両者は打ち消しあい，結果的に側方変位は拘束される．そのため土の要素には$\Delta\sigma_1$にほぼ等しい側圧（$\Delta\sigma_3$）が生じて，等方的に圧縮されるため，要素内にせん断力は発生しない．第7章で学んだ，ある有効応力状態における**土の非排水せん断強さ**は，式（12.1）で表される．

$$\tau_f = c' + \sigma' \tan \phi' \tag{12.1}$$

ここで，ϕ'は非排水せん断抵抗角である．

また，土はせん断に伴って**ダイレイタンシー**（体積変化）が生じるので，図

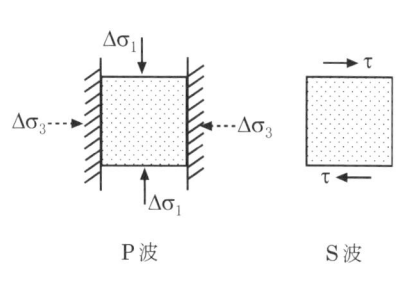

図12.3 地震波により土の要素が受ける力

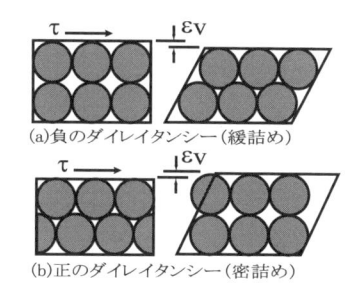

図12.4 せん断に伴うダイレイタンシー
(a) 負のダイレイタンシー（緩詰め）
(b) 正のダイレイタンシー（密詰め）

12.4 に示すように，ゆるく堆積した土は体積収縮（負のダイレイタンシー）の挙動を示す．一方，密に堆積した土は体積膨張（正のダイレイタンシー）の挙動を示す．排水条件下では，体積変化は即座に生じるが，非排水条件下では間隙水は排出されないので，土要素は体積変化を起こさず，かわって**過剰間隙水圧**が発生する．ゆるい土では正の過剰間隙水圧（正圧）が，密な土では負の過剰間隙水圧（負圧）が生じる．

土のせん断強さを支配する有効応力は，正の過剰間隙水圧が発生すれば減少するので，ゆるい砂地盤がせん断を受けると，式（12.1）の右辺第2項の σ' の値が小さくなり，土のせん断強さは低下する．

図12.5に示した模式図をもとに，液状化発生のメカニズムを考えてみる．いま，飽和した砂要素に（a）のような応力が作用している．そこに（b）のように地震力による繰返しせん断力が加わると，土粒子の嚙みあわせが徐々に外されていく．ゆるく詰まった砂は体積収縮しようとする．ところが，地震動の継続時間は数分であり，砂中の間隙水が十分に排水されない．したがって，砂要素は非排水条件下におけるせん断作用を受けることになり，過剰間隙水圧が増加し，有効応力が減少する．（c）ついには有効応力が完全に消失し，粒子同士の嚙みあわせが完全に外れ，水中に砂粒が浮いた状態になる．

式（12.1）にあてはめて考えると，過剰間隙水圧が増加し，有効応力が消失すれば，右辺第2項の σ' がゼロとなるので，式（12.2）のようになる．

$$\tau_f = c' \quad (12.2)$$

さらに砂質土の粘着力 c' はゼロであるから，せん断強さは，

$$\tau_f = 0 \quad (12.3)$$

となり，砂地盤のせん断強度は完全に失われるのである．このように地盤の強度がゼロとなり，泥水（液体）状とな

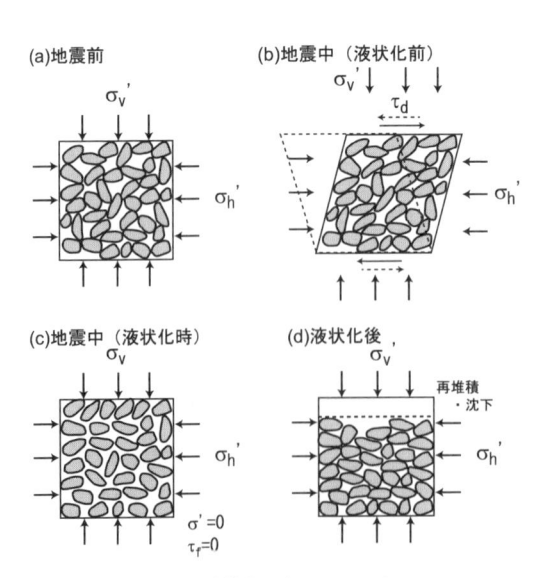

図 12.5 液状化発生のメカニズム[2]

る現象が**液状化現象**である．

　図12.5（c）の状態は地震の揺れがおさまっても，有効応力がゼロの状態を示している．この間に地盤に関連する構造物には様々な被害が生じるが，やがて時間とともに，過剰間隙水圧は消散していき，有効応力が回復してくる．そして，図12.5（d）のように土粒子の嚙みあわせは地震前とは異なる構造に変化し，体積収縮が生じて地盤は沈下しながら安定化する．

12.4　液状化発生の要因

　密度が低く，飽和したゆるい砂地盤または有効拘束圧（有効応力）が小さな地盤であることが，液状化が発生しやすい条件である．

　地盤材料（土質）の条件としては，粘性土のように細粒分を多く含む土には粘着力があるので，せん断抵抗力が完全に失われることはない．一方，礫のような透水性の高い材料では，過剰間隙水圧がすぐに消散するので，有効応力が低下しにくい．

　表12.1には，液状化発生にかかわる要因を列挙している．これらの条件の中には，外力に関する要因，地盤材料（土質）に関する要因，地盤の堆積環境に関する要因が混在している．例えば，密度が多少高い砂地盤でも，大きな地震力が加われば液状化が発生する．一方，小さな地震力でも非常にゆるい砂地盤では，液状化が生じることもある．粘土地盤は透水性が低くても液状化はしないが，排水が抑制された条件下では，透水性のよい礫質土であっても，液状化が発生した事例もある．

表12.1　液状化が発生しやすい要因

	液状化しやすい	液状化しにくい
地震動の大きさ	大きな地震力	小さな地震力
地震の継続時間	長い	短い
土質	砂質土	粘性土，礫質土
粒度分布	粒径分布が狭い	粒径分布が広い
透水性	低い	高い
密度	小さい	大きい
地下水位	高い	低い
有効拘束圧	低い	高い
飽和度	高い	低い

　液状化の発生は，地形的要因によっても左右される．一般に，液状化が発生しやすい地形として，沖積平野や海岸の埋立地，干拓地，河川に沿った自然堤防上やその後背地，さらに旧河道や谷埋め地，埋戻し地盤などがあげられている．山地や丘陵地では，液状化はほとんどみられない．

12.5 液状化の判定と予測

調査対象の地盤が液状化するか否かは，式 (12.4) で表される液状化に対する抵抗率（**液状化安全率**，FL）によって評価・判断される．

$$FL = \frac{R}{L} \tag{12.4}$$

FL の値が 1 を下回れば（外力 L が抵抗力 R を上回れば），液状化が発生すると判定され，1 を上回れば液状化の可能性は低いと判断される．ここで，R：砂の液状化抵抗力，L：外力となる繰返しせん断力である．

砂の液状化抵抗力（液状化強度）を調べるには，**非排水繰返しせん断試験**が行われることが多い．

非排水繰返しせん断試験（繰返し三軸試験）では，図 12.6 の左図のように，供試体を所定の有効拘束圧 σ_c' まで圧密した後に，非排水条件で側圧を一定にしたまま，片振幅 σ_d のサイン波形（図 12.7 の上段）の繰返し軸応力を載荷する．軸方向応力と側方応力（側圧）は主応力となるので，主応力面から $\pi/2$ 傾いた面に，振幅 $\tau_d = \pm \sigma_d/2$ のせん断応力が作用していることになる．このサイン波形によって引き起こされるせん断応力が地震動を表現している．

図 12.7 は非排水条件下での繰返しせん断試験の計測データを時刻歴で示している．横軸を時間軸とし，上段から供試体の $\pi/2$ 面に作用するせん断応力，過

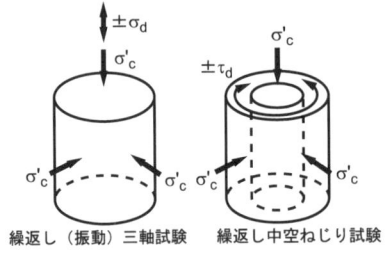

図 12.6 繰返し三軸試験の載荷方法と応力状態

三軸試験の場合を例にとると，背圧 $\sigma_{bp} = 98$ kPa，側圧 $\sigma_c = 196$ kPa で圧密した供試体の有効拘束圧は $\sigma_c' = 98$ kPa である．この供試体に，片振幅 $\sigma_d = 19.6$ kPa の繰返し軸応力を載荷したとすると，式 (12.5) で後述する繰返しせん断応力比 R は 0.1 となる．

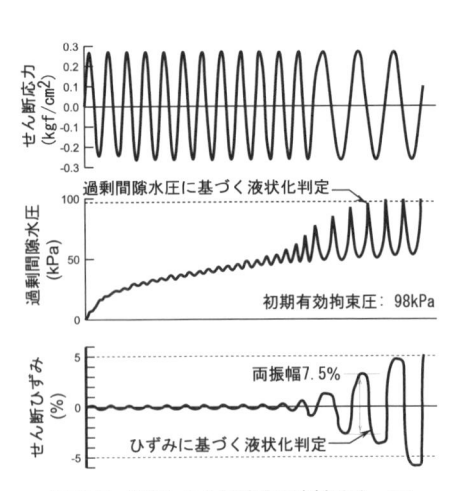

図 12.7 繰返しせん断試験の時刻歴データ[3]

剰間隙水圧，せん断ひずみを表している．この図 12.7 をみると，載荷の初期段階では，ひずみはほとんど発生しておらず，一定の振幅を保ったままである．ところが，ある時点を境にして，急激にひずみが増加していることがわかる．一方，過剰間隙水圧は，繰返し回数とともに徐々に増加していき，ひずみが急に増加し始める少し前から，急激に上昇している．最終的に過剰間隙水圧の値は，供試体の初期の有効拘束圧 σ_c' とほぼ等しくなるまで上昇する．

ゆるい飽和砂が繰返しせん断を受けたときの砂粒子の動きについて図 12.4 と図 12.5 を参考に説明する．

ある方向にせん断を受けると，少しだけ過剰間隙水圧が発生する．載荷方向が反転し，反対方向にせん断されると，また小さな過剰間隙水圧が発生する．これを繰り返すことで徐々に過剰間隙水圧は蓄積されていく．繰返し回数が少ないうちは，過剰間隙水圧も低いので，大きな変形（ひずみ）は生じない．さらに繰返し回数が増すと過剰間隙水圧は蓄積され有効応力が低下し，土粒子間の接点力は弱まる．よって土粒子骨格は大きく変形するようになり，さらに大きな過剰間隙水圧が発生する．その後，図 12.7 のように過剰間隙水圧の上昇とひずみの進展が生じることになる．初期の有効拘束圧と過剰間隙水圧が等しくなると有効応力は完全に消失し，土粒子は間隙水中に浮遊した状態となり，液状化が発生するのである．

なお，実験において，液状化が発生したと判定されるのは，過剰間隙水圧の測定結果による判定のほかに，**両振幅ひずみ**の値が 5% あるいは 10%（単純せん断では 7.5% あるいは 15%）に達した時点をもって液状化と判定されることも多い．このときのせん断応力 τ_d が，液状化を発生させるのに必要な繰返しせん断応力となる．

さて，有効拘束圧が増せば液状化しにくくなることは 12.4 節でふれたが，一方で，ある繰返し回数で液状化が生じるときの繰返しせん断応力は有効拘束圧に比例することが知られている．繰返しせん断応力 τ_d を有効拘束圧 σ_c' で正規化した**繰返しせん断応力比**（式（12.5））で示しておけば**砂の液状化抵抗力**を有効拘束圧 σ_c' から関連づけて一義的に求めることができる．

$$R = \frac{\tau_d}{\sigma_c'} = \frac{\sigma_d}{2\sigma_c'} \tag{12.5}$$

繰返しせん断応力比は，式（12.4）の R に相当するものである．ただし，この値は，普遍的な砂の強度を示すものではなく，ある特定の繰返し回数における

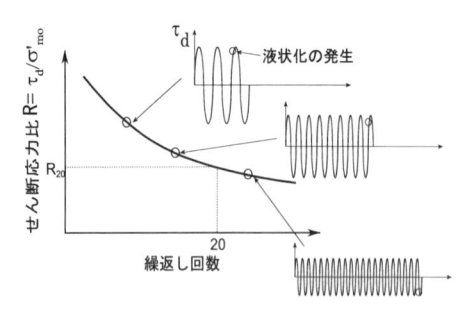

図 12.8　液状化試験の結果の整理の例

砂の液状化強度にすぎない．

液状化試験では供試体密度や初期の有効拘束圧などの条件を同じにして，繰返しせん断応力比の値を変えた実験を数回実施し，図 12.8 のような繰返し回数と応力比の関係を得る．このような液状化試験を行うことで任意の繰返し回数に対する**砂の液状化強度**を知ることができる．

　図 12.8 からは，大きな地震力が加われば少ない繰返し回数，あるいは継続時間が短い場合でも液状化が生じること，地震動が小さければ，多くの繰返し回数を受けても液状化に至らないことが読み取れる．なお，実務における液状化予測では，繰返し回数 20 回における**繰返しせん断応力比** R_{20} をもってこの砂の液状化強度とすることが多い．

　このような液状化の判定と予測は，ある地点・ある特定の深さにおける液状化発生の有無の予測にすぎない．実際の地盤では，地層とともに深さ方向に密度が不連続に変化する．調査対象地盤の全深度から試料（サンプル）を採取して液状化試験を実施することは現実的ではないので，簡易予測として，原位置で標準貫入試験が実施され，N 値から液状化強度を推定することも行われている．この調査作業を液状化予測と呼んでいる．図 12.9 には，一般的な液状化判定の手順を示す．液状化の問題は通常，地表面から 20 m の深さまでの，飽和砂地盤が対象になることが多く，細粒分を多く含んだり，礫分が多い地盤では，液状化強度が割り増しされたり，判定そのものが行われない場合もある．

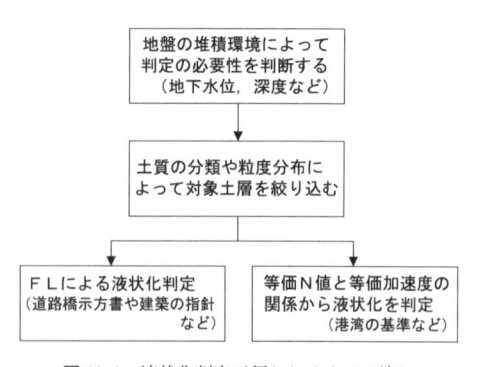

図 12.9　液状化判定が行われるまでの流れ

12.6　液状化対策

　液状化予測を行った結果，ある地盤で液状化が生じる可能性があり，構造物が

被害を受けると判断された場合には，**液状化対策工**が施される．液状化対策工の基本的な考え方は大きく分けて，①液状化の発生そのものを抑える対策，②液状化の発生は許した上で，構造物が被害を受けないようにする対策，の2つに分類される．液状化の発生そのものを防ぐ対策では，**サンドコンパクションパイル工法**や**グラベルドレーン工法**などを中心に数多く提案され，すでに実績も多数あげている．

表12.2に液状化対策の原理をまとめているが，それらは総じて，表12.1の液状化の発生要因を減らす（低下させる）ことであり，土の性質を変えたり，地盤の応力条件や変形特性，水圧発生の度合いを変えて，液状化の発生そのものを防ぐことを目的としている．

表12.2 液状化対策の原理

分類		原理（手法）
液状化の発生を防ぐ対策	土の性質の改良	・密度の増大（締め固める） ・固結（薬液やセメントを混ぜて地盤を改良する） ・粒度の改良（液状化が生じにくい土質材料に置き換える） ・飽和度の低下（地下水位を低下させる）
	応力条件や変形，間隙水圧に関する改良	・有効応力の増大（地下水位の低下やプレロード） ・過剰間隙水圧の消散（ドレーン工法等による排水促進） ・周囲からの水圧伝幡を遮断（地中壁や矢板による遮断） ・せん断変形の抑制（地盤の拘束）
液状化の発生は許すが構造物被害を防ぐ（軽減する）		・堅固な地盤による支持（杭基礎） ・基礎の強化（増し杭や布基礎の強化） ・地盤変位への追随（フレキシブルジョイントなどの利用）

一方，液状化の発生をあえて許す方法では，液状化によって生じる地盤変状に耐えるよう構造補強を行う対策（剛な対策）か，地盤変状を吸収する対策（柔な対策）のどちらかが施されることになる．

さて，液状化対策の設計を行う場合には，地盤や構造物をどの程度まで強化すればよいのかという問題に直面する．特に最近では，設計に用いられる地震動が大きくなり，想定される地震動に対して完全に液状化の発生を抑え込むには，大規模な対策工事が必要となってきている．そのため，液状化対策の設計では，ただ単に液状化を発生させないという観点からではなく，液状化によってどの程度，構造物の安全性が損なわれるか，どの程度の変形や変位まで許容し得るのかを明らかにすることが特に重要になってきている．そのためには，液状化に伴って生じる地盤変状や物性の変化を定量的に予測することも要求されている．液状

化した土の強度や変形特性を室内試験から求める方法や，数値解析によって液状化した地盤の変形を予測する方法[4]などが開発されている．

演 習 問 題

12.1 非排水繰返しせん断試験（繰返し三軸試験）において，片振幅 σ_d の繰返し軸応力を与えたとき，水平面から 45 度の面に $\pm\sigma_d/2$ の繰返しせん断応力が作用することを，モールの応力円を描いて説明せよ．

12.2 具体的な液状化対策工法をあげて，それがどのような原理に基づいて考案されたのか調べよ．

参考文献
1) 安田　進：液状化の調査から対策工まで，鹿島出版会，1988．
2) 土木学会地震工学委員会地震防災技術普及小委員会編：実務の先輩たちが書いた土木構造物の耐震設計入門，土木学会，2002．
3) 知っておきたい地盤の被害編集委員会編：知っておきたい地盤の被害―現象，メカニズムと対策―，地盤工学会，2003．
4) 2次元液状化流動化プログラム ALID/Win，ALID 研究会，2005．

13 軟弱地盤と地盤改良

人々の生活の営みの場は水際の平らな土地に形成されることが多い．日本の大都市をはじめとして，世界各国の多くの都市が海，川，湖に沿う平野に存在する．このような水際の平らな土地は地質学的に沖積平野であることが多い．つまり，地下水位が高く，やわらかい粘性土地盤やゆるい砂地盤のような軟弱地盤である．これまで人々は軟弱地盤上にインフラを整備し，都市を築き上げてきた．今後もわれわれは都市化が進む中，軟弱地盤を克服しに大規模構造物を建設していかなければならない．

人工島建設で施工されるプラスチックボードドレーン（圧密促進）工法

13.1 軟弱地盤の形成と定義

軟弱地盤は，①海岸砂州で湾口を閉ざされた流入土砂量の少ない**おぼれ谷沖積平野**，②おぼれ谷残存湖沼の沿岸三角州，③本流の堆積物で出口を閉ざされた枝谷，④緩流河川の流入する内湾河口三角州，⑤自然堤防背後の後背湿地，のようなところに形成される[1]．

図13.1にこのような地形的特徴を有する**軟弱地盤**の分布図を示している．特に河川や沿岸流などがその流速を落として流水が停滞する場所に形成され，地表面の勾配がゆるく，臨海地帯にあっては標高が低い場所に存在することになる．

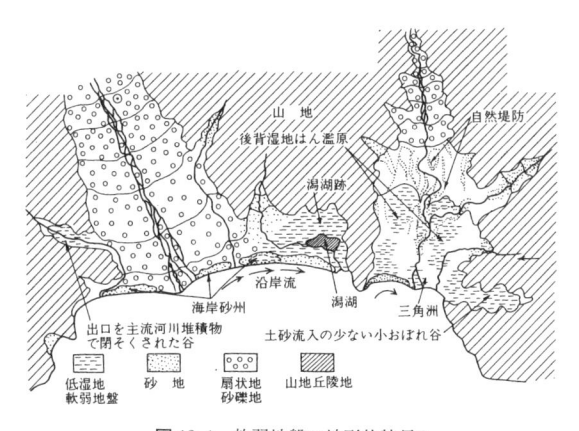

図13.1 軟弱地盤の地形的特長[1]

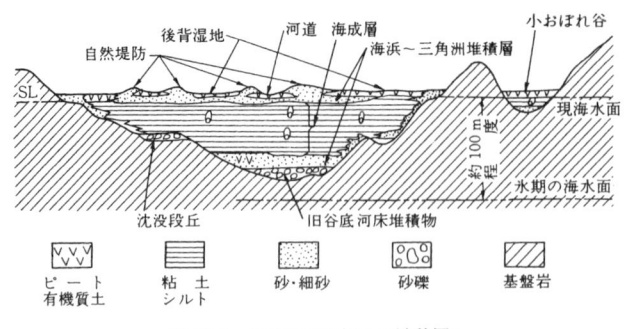

図13.2 おぼれ谷を埋める沖積層[1]

図13.2は，おぼれ谷を埋める典型的な沖積層を示す断面である．図13.2から，沖積層が堆積する前には河川の浸食によって深い谷が形成されたことと，当時は海水面が現在よりもかなり低い位置にあったことがわかる．これは，氷河時代に大陸性氷河により大量の水が閉じ込められ，海水はその量を減らし海面が低下したためといわれている．最終氷河期には現在よりも海水面は，120 m以上も低かったとされ，厚い沖積層の下に埋没している谷は氷河期につくられたことがわかっている．

海面は気候の温暖化に伴い6000年くらい前までは急速に上昇し，谷部に侵入して細長い入海となった．これがおぼれ谷になり，図13.2にみられるように海成層が堆積し，軟弱層が形成された．また，この谷の周辺において河川の河口付近の還流部，出口を閉塞された中小河川の沿岸部となり，やわらかい粘土や有機質土，ゆるい砂質土が堆積し，地下水位の高い軟弱層が形成されることになる．

海成層に比べると，河川による堆積層は一般に不規則で，一見同一と思われる土層においてもその強度や圧密特性などの変化が著しい場合が多い．また，かなりの厚さをもつピートや粘土，シルト層でも，詳細に調査すると，洪水時に運ばれてできた薄い砂層が幾層も重なっていることが多い．

このように形成された軟弱地盤の強度は，一般にテルツァギーが与えた軟弱さと強度の関係がもとになっている．「非常にやわらかい (very soft)」は，一軸圧縮強さ 24.5 kN/m^2 以下，「やわらかい (soft)」は，$24.5 \sim 49.0 \text{ kN/m}^2$ と定義されている．また，標準貫入試験の N 値では，前者が2以下，後者は2〜4に対応するとされている．しかし，N 値はあくまでも目安にすぎないことに注意が必要である．日本では，河川堤防，高速道路，鉄道の建設工事に伴う盛土工事

において，盛土下部の地盤圧縮強度が，$58.8 \mathrm{kN/m^2}$ 以下，あるいは N 値が 4 以下のものを軟弱地盤と見なすことが多いようである[1]．一方，ゆるい砂質土については，テルツァギーが与えた「非常にゆるい（very loose）」「ゆるい（loose）」の定義があり，N 値でそれぞれ 4 以下，4～10 のものと規定されている．日本では，N 値が 10 以下の砂質土地盤を軟弱地盤としていることが多い．

13.2 軟弱地盤の地盤改良

13.2.1 軟弱地盤の工事における問題点

軟弱地盤に対して，盛土，各種構造物の建設，掘削などといった載荷あるいは除荷を生じさせると地盤は変形したり，極端な場合は破壊したり，何らかの支障をきたすと考えられる．

表 13.1 は，軟弱地盤における建設工事で問題となる主要な問題点を整理した

表 13.1 軟弱地盤における工事の主要な問題点[2]

		せん断（安定）		圧密（沈下）	
盛土・構造物載荷		基礎地盤のせん断に伴う盛土の変状または破壊		過大沈下または，不同沈下による盛土の変状	
		基礎の支持力不足による構造物の変状または破壊		過大沈下または不同沈下による構造物の変状	
		偏載荷重または土圧による構造物および基礎の変位，傾斜または破壊		構造物と盛土，各構造物間に生じる不同沈下または不等変形による段差，変状	
		盛土または構造物荷重による側方地盤の流動，隆起		盛土または構造物荷重による側方地盤圧密沈下と変位	
開削・地中掘削		せん断に伴う掘削斜面の崩壊と掘削底面のヒービング		膨張その他による土圧変化に伴う掘削斜面，土留壁の変状	
		掘削時の応力解放，ゆるみなどに伴う側方または上方地盤の変形		掘削時の排水による地下水位低下に伴う周辺地盤の沈下	

ものである[2]．表13.1では，工事における問題点を①工事の種類を盛土や構造物築造などの載荷に起因する問題と，②開削あるいは地中掘削などの除荷に起因する問題の2つに大別している．さらに，それぞれを安定の問題と，沈下を伴う変形の問題とに大別して整理を行っている．このような問題が，施工中の安全性，近隣環境への影響，建設する施設の機能などの観点で許容し得ない場合には，建設地点の変更，計画施設の構造形式の変更，地盤改良といった基礎形式の変更，施工方法の変更あるいはその組合せで対策が施される．

13.2.2 軟弱地盤での建設工事の手順

軟弱地盤で建設工事を行うには，工事に伴うトラブルの発生を未然に防止するため，次のような作業手順で軟弱地盤対策が検討される[1]．

①土質調査・試験を行い，設計・施工に必要な資料を収集する．
②土質調査・試験結果と具体的設計・施工条件に基づき無処理地盤の沈下や安定などの検討を行う．
③設計・施工の目標値を満足できない場合，対応できる地盤改良工法を選定する．沈下や安定などについて再び検討し，最適な地盤改良工法を決定する．
④軟弱地盤の複雑な性状を考慮した施工計画をつくり，必要な施工管理を行う．
⑤動態観測結果から何らかの変状や，周辺環境への悪影響を察知したときは，応急対策を講ずる．また，必要に応じて，その後の施工計画を変更する．
⑥施工後の維持管理上問題が生ずるおそれのある場合は，必要な対策を検討する．

軟弱地盤での調査が終了すると，次に問題点解決のために地盤改良工法の検討がなされる．これまで，軟弱地盤対策として従来から多種多様な地盤改良工法が開発され，実施されてきた．その主なものを分類・整理して表13.2に示す．多くの軟弱地盤が存在する日本では，これまでに多くの改良工法が開発され，そして現場においてその施工実績をあげてきている．そのためこの分野では世界トップレベルの技術をもつ国であるといっても過言ではない．表13.2では，地盤改良の種類を大きく4つに区分している．①施工機械のトラフィカビリティの確保を主目的とする地盤表層の改良，②軟弱地盤対策の主要部分である軟弱層そのものを置換，圧密促進，締固め，固結などによって改良する工法，③盛土構造などの改良で，盛土の断面形状や重量に工夫を加えたり，構造部材を組み合わせて用いることで所期の効果を期待するもの，④工法の改良で，盛土の載荷速度を制御

13.2 軟弱地盤の地盤改良

表 13.2 地盤改良工法の種類と効果[3]

区分	工法 大分類	工法 小分類	工法の主たる効果
表層の改良	表層処理工法	表層排水工法	トレンチによる地盤表層部の含水比低下 施工機械のトラフィカビリティの改善 強度増加促進
		サンドマット工法	施工機械のトラフィカビリティの改善 排水層としての機能
		敷設材工法	各種補強材による軟弱地盤の表層補強 施工機械のトラフィカビリティの改善 せん断変形の抑制
		表層土質安定処理工法	表層安定処理による施工機械のトラフィカビリティの改善非圧縮化，せん断変形の抑制，振動性改良
軟弱層そのものの改良	置換工法	掘削置換工法	良質の材料で置き換えることによる非圧縮化 せん断変形の抑制，振動性改良
		強制置換工法	
	圧密促進工法	バーチカルドレーン工法	圧密促進，強度増加促進
		盛土荷重載荷工法	
		地下水位低下工法	
		大気圧載荷工法	
	締固め工法	サンドコンパクションパイル工法	非圧縮化，せん断変形の抑制，液状化防止
		振動締固め工法	
		動圧密工法	
	固結工法	石灰パイル工法	非圧縮化，せん断変形の抑制 振動性改良
		深層混合処理工法	
		薬液注入工法	不透水化，せん断変形の抑制 非圧縮化，液状化防止
		その他の特殊な固結工法（凍結工法，焼結工法，電気浸透工法など）	非圧縮化，せん断変形の抑制 不透水化（凍結工法の場合） 強度増加促進（焼結工法，電気浸透工法の場合）
盛土構造等の改良	押え盛土工法	押え盛土工法	せん断変形の抑制
	補強土工法	盛土補強工法	
		マイクロパイリング	既設構造物の補強，近接施工およびアンダーピーニング
	荷重軽減工法	荷重軽減工法	荷重軽減
	構造物による工法	矢板工法	せん断変形の抑制，不透水化
		パイルネット工法	非圧縮化，せん断変形の抑制
		パイルスラブ工法	振動性改良
改良の工法	緩速載荷工法	緩速載荷工法	圧密促進，強度増加促進 せん断変形の抑制

上記の各工法は組み合わせて用いられることが多い．一般的な工法の組合せを示すと，サンドマット工法はその排水層としての機能を利用してバーチカルドレーン工法と併用される．また，いずれの工法を適用する場合でも，施工機械のトラフィカビリティを確保する目的で，何らかの表層処理工法を併用するのが普通である．このほか，バーチカルドレーン工法と押え盛土工法や緩速載荷工法あるいは盛土荷重載荷工法との併用などがよく行われる．

することによって効果をあげようとするものである．表13.2では，各工法を適用する場合に期待する主な効果を整理してある．同様な効果を期待していても，効果が発揮される原理は工法によって異なる．表層処理の場合を除いて，表13.2中の大分類はおおむね改良原理のキーワードであり，それぞれの分類に属する具体的な工法名が小分類として記載されている．地盤改良効果を予測する場合には，改良原理ならびに実際の改良のプロセスをよく理解しておく必要がある．

13.3 軟弱地盤改良工法

ここでは，表13.2に示した表中にある軟弱地盤の改良工法（盛土等の改良を除く）について説明する．

13.3.1 表層の改良（表層処理工法）

埋立地，河川堤防，道路，鉄道，空港などの地盤が軟弱地盤である場合，建設機械の進入や地盤造成のための足場確保などの仮設的な目的で，表層処理が行われる．表層処理には，表13.2に示すように表層排水工法，サンドマット工法，敷設材工法，表層土質安定処理工法がある．ここでは，サンドマット工法，敷設材工法および表層土質安定処理工法について説明する．

a．サンドマット工法

軟弱地盤の表層に砂を約1m程度まき出して良質な地盤を確保して，軟弱地盤を改良するための施工機械のトラフィカビリティを確保するために地盤の支持力を確保すると同時にバーチカルドレーン工法（サンドドレーン工法など）の排水経路としての機能も有している．

b．敷設材工法

この工法は敷設する材料のせん断力および引張力を利用して施工機械のトラフィカルビリティを確保するとともに，盛土荷重を均等に支持して地盤の局部的な沈下および側方変位を減じ，地盤の支持力の向上を図ることを主目的としている．敷設材としては古くから，そだ・竹枠などが用いられてきたが，近年ではジオテキスタイルなどが用いられる．この工法は，被覆形態から，敷布（シート）工法，敷網（プラスチックネット）工法，ロープやネットの組合せ（ロープネット）工法に大別される．最近では，サンドマット工法と併用することが多い．

c．表層土質安定処理工法（浅層安定処理工法）

軟弱な表層のシルト・粘土や河川や湖沼に堆積する低質土（ヘドロ）に石灰や

セメントなどの安定材を混入し，原位置にて地盤の圧縮性や強度特性などを改良し，施工機械のトラフィカビリティの確保や支持力の増加を図る工法である（図13.3，13.4）．この工法には，粉体系工法とスラリー系工法の2つがある．使用する安定材としては，石灰，普通ポルトランドセメント，高炉セメント，セメント系固化材などがある．なお，セメントやセメント系固化材を用いて地盤改良を行う場合には，室内配合試験と同時に六価クロム溶出試験を実施し，六価クロム溶出量が土壌環境基準（0.05 mg/L）以下であることを確認しておく必要がある．

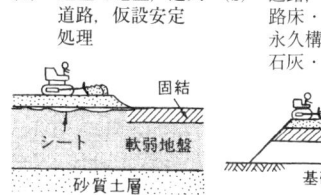

図 13.3 表層混合処理工法[4]

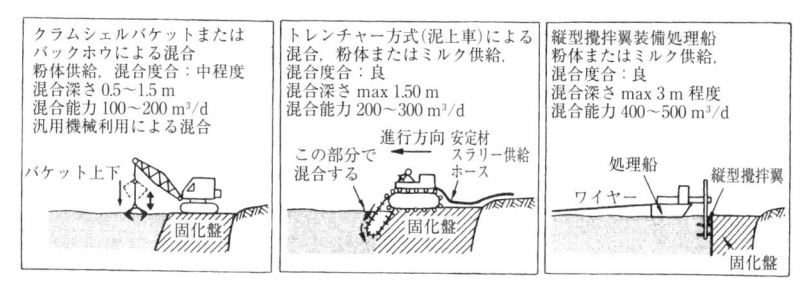

図 13.4 軟弱地盤の表層混合処理法の施工説明図[4]

13.3.2 軟弱層そのものの改良

a．置換工法

置換工法とは，軟弱粘土を掘削し良質土を埋め戻す工法であり，比較的施工が容易で短期間に軟弱層を処理できる．一般に置換材としては，水浸によっても支持力が低下しにくい粗粒土を用いる．軟弱層の分布形態と掘削箇所との関係より，全面掘削置換工法と部分掘削置換工法に分けられる．また，盛土自重によって軟弱層の一部を強制的に押し出し，良質な盛土材と置き換える強制置換工法がある．

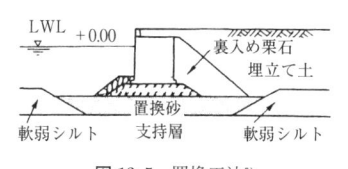

図 13.5 置換工法[5]

b. 圧密促進工法

　圧密促進工法は，厚く堆積した軟弱粘土地盤中に人工的に排水経路を構築するバーチカルドレーン工法や，軟弱地盤上に盛土を行い圧密沈下を促進させ強度増加を図るプレローディング工法，真空ポンプなどにより強制排水を行い，圧密を促進させると同時に地盤強度を増加させる大気圧載荷工法などがある．

　ここでは，このうち最も多く施工例のある「バーチカルドレーン工法」について説明する．この工法は，軟弱な粘土層から鉛直方向に打設したドレーン材を用いて水を排除することにより，排水距離の短縮により圧密を促進し，地盤強度を増加させる工法をいう．一般的には，ドレーン材として砂を用いる「サンドドレーン工法」とドレーン材に人工的な紙やプラスチックのボード状のものを用いる「ペーパーあるいはプラスチックドレーン工法」に分けられる．また，バーチカルドレーン工法は他の工法と比較して，残土処理がない，工事費が安価であるなどの特徴をもち，空港建設，工業用地の造成，鉄道道路の建設，人工島の建設，宅地造成など面的な整備において数多くの実績のある軟弱地盤改良工法である．

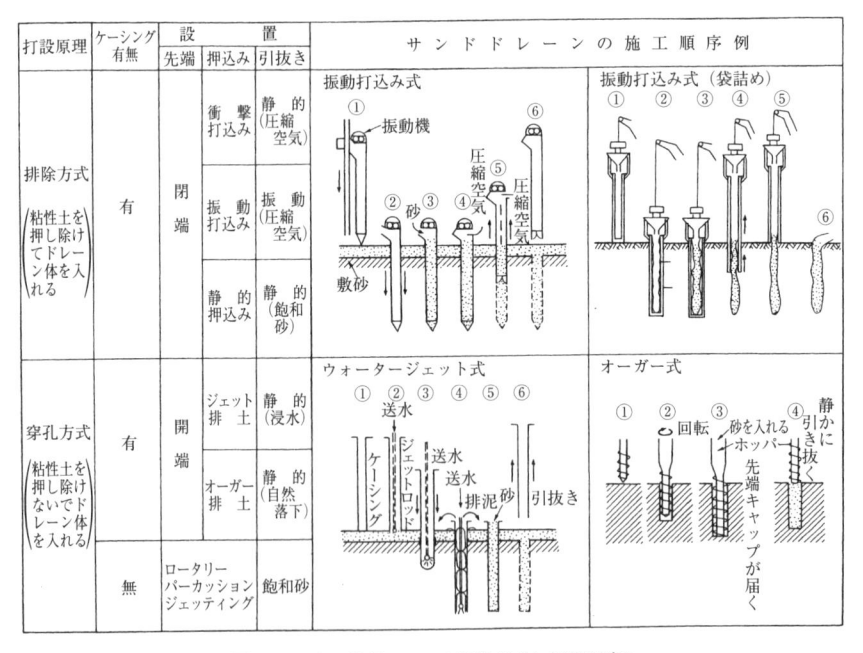

図 13.6　サンドドレーンの打設方式と打設順序[6]

i) **サンドドレーン工法**　排水（ドレーン）のための透水材料（ドレーン材）として，直径 10～60 cm の円形断面をもつ砂の杭を地表面から打ち込んで圧密を促進する工法を，サンドドレーン工法という．ドレーンの間隔は 1.5～4.5 m の範囲であるが，2.0～2.5 m の範囲が最も多いといわれている．

サンドドレーン工法には2種類あって，1つは，透水材料として砂を直接用いる工法で，海上工事に用いられることが多い．図 13.6 に示すように港湾施設の基礎地盤改良工事には，この工法がよく用いられている．

もう1つの工法は，透水材料を袋詰めにして砂杭（パックドレーン）とする工法で，特に袋詰めサンドドレーン工法とも呼ばれることがある．この工法は，特に軟弱で砂杭が地盤の流動により切断されるのを防ぐことができる工法である．

ii) **プラスチックボードドレーン工法**　排水のための透水材料（ドレーン材）として，厚さ約 3 mm で幅約 10 cm の長方形断面をもつプラスチックボードを用いる工法をプラスチックボードドレーン工法という．発明された当初は板紙に溝をつけたものを貼りあわせて用いられ，ペーパードレーン（カードボードドレーン）と呼ばれていた．その後，各種のプラスチックボードに不織布が貼られたドレーン材が開発された．縦方向の目詰まりによる透水係数の低下による圧密に遅れの生じる欠点は解消された．プラスチックボードドレーン工法は陸上工事で多く用いられている（図 13.7）．

iii) **その他の圧密促進工法**　次にその他の圧密促進工法である盛土荷重載

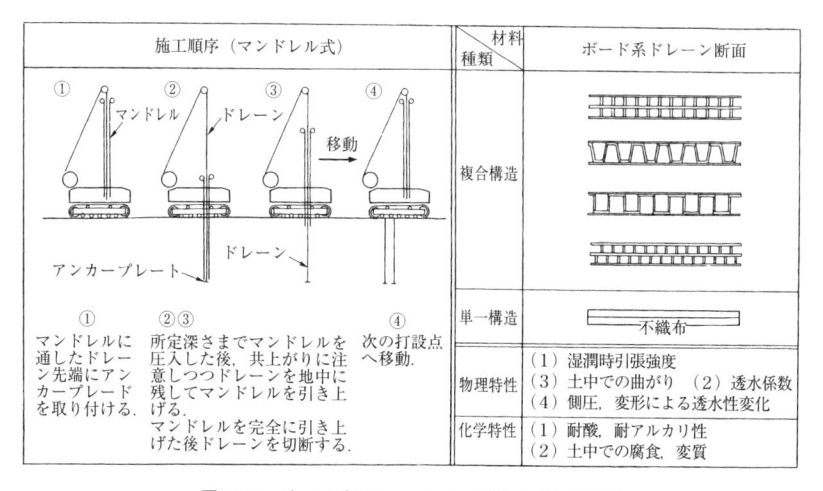

図 13.7　ボード系ドレーン工法の打設順序と材料[6]

荷工法（プレローディング工法），地下水位低下工法，大気圧載荷工法について説明する．

プレローディング工法： 改良対象となる粘性土地盤上に盛土荷重を用いて圧密沈下を促進させるとともに強度増加を図り，盛土上あるいは隣接して設置される舗装または構造物，あるいは盛土内に埋設される構造物に生じる有害な沈下および破壊を防止するために用いられる．盛土荷重を載荷する場合は，地盤の破壊を起こさない程度で行い，他の工法との併用を必要とする場合もある．

地下水位低下工法： 地盤中の地下水位をポンプなどによって低下させることにより，粘土地盤中の有効応力を増加させて軟弱層の圧密促進を図るものである（図13.8）．地下水位低下の方法としてはウェルポイント，ディープウェルなどが一般的である．すべり破壊が生じるおそれのある軟弱地盤に対して，直接載荷を行わないか，もしくは載荷重を軽減することが可能となり，盛土をより安定な状態で施工できる．

大気圧載荷工法（真空圧密工法）： 軟弱改良区域を不透気のビニール膜などで完全に被覆密閉した後，真空ポンプを用いて膜と地盤との間に負圧を生じさせ，大気の圧力を載荷重として地盤改良を行う工法である．この工法は，図13.9に示すように敷砂の上に気密シートを敷いて密閉した後で，その中の空気と水を一緒に排除して負圧状態にする．シート内とシート外の圧力差は大気圧であることから，その大気圧を利用して，上載荷重を増やして有効応力を増加させる工法である．また最近では，先に説明したサンドドレーンなどと組み合わせて，軟弱地盤の地表面に排水を兼ねた排気層として敷砂を施工することが多い．

c. 締固め工法

締固め工法は，振動や動的な荷重を利用して，ゆるい砂地盤の密度を増加させ

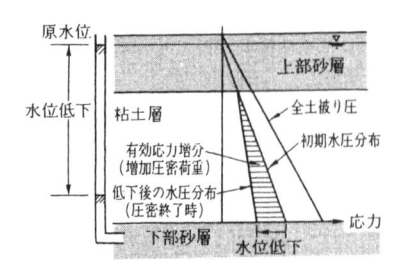

図13.8 地下水位低下工法における圧密荷重[5]（下部砂層の水位低下）

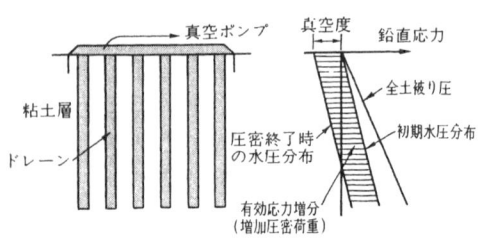

図13.9 真空圧密工法における圧密荷重[5]

液状化防止や粘土地盤の強度増加による支持力の増加などを目的に行われる工法である．

ⅰ) サンドコンパクションパイル工法（SCP 工法）　この工法は，衝撃荷重あるいは振動荷重（バイブロハンマー）によってケーシングパイプを通して砂を地盤中に圧入し砂杭を形成させるものであり，ゆるい砂質地盤に対しては液状化の防止のために，粘性質地盤では支持力の向上を目的に用いられる（図 13.10）．特に，砂質地盤と粘土質地盤とで異なり，砂質地盤では，打設時の振動による締固め効果と砂の圧入による締固め効果を併用したもので，砂質地盤の間隙比を減少させ，密度を増してせん断強さの増大を図るものである．粘土質地盤では，軟弱な粘土質地盤中に多数の砂杭が打ち込まれると，砂杭と粘性土により構成された複合地盤となる．この複合地盤上に載荷すると，砂杭と粘性土とはその物理的，力学的な性質が異なるため，載荷重は砂杭に多く分担される．その結果，粘性土に加わる応力は軽減し，圧密沈下量も小さくなる．また，せん断強さは粘性土より砂のほうが大きいので，粘性土と置き換えた分だけ地盤の強度は増加する．この他にバーチカルドレーンと同様に排水柱としての効果も期待できる工法である．

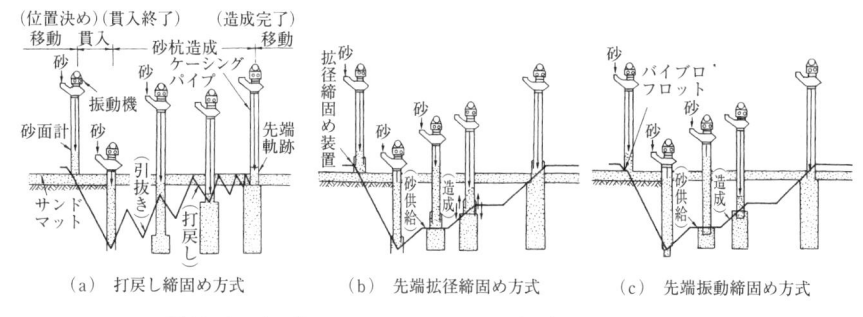

図 13.10 サンドコンパクションパイル工法の各方式の施工手順[5]

ⅱ) 振動締固め工法（バイブロフローテーション工法）　ゆるい砂質地盤に対して用いられ，棒状の振動機を地盤中で振動させながら水を噴射し，水締めと振動により地盤を締固め，同時に生じた空隙に砂利などを補充して地盤を改良する工法である．砂質地盤に用いられるサンドコンパクション工法と同様な目的で用いられる．

ⅲ) 動圧密工法　動圧密工法（重錘落下締固め工法）は，重量 10～25 t 程度の鋼製ハンマーを 10～25 m の高さから繰り返し自由落下させ，地表面に衝撃

を与えることによって地盤を締め固める工法である（図 13.11）．この工法は，重錘を落下させるシンプルな工法のため経済性に優れ，岩砕，砂礫，砂，廃棄物地盤などの広い範囲の地盤に適用できる特徴を有している．また，人工島，埋立地盤における支持力確保，砂質地盤における液状化防止，廃棄物埋立地盤の改良，および減容化による容量拡大などの用途に広く用いられている．

図 13.11　動圧密工法[7]

d．固結工法

固結工法は，軟弱な土に石灰やセメント系の安定材を混合・固化し改良する工法である．この工法は，安定材の水和反応とその後長期にわたって継続する安定材と粘土の化学反応を期待するため，化学的固化工法とも呼ばれている．前述した浅層安定処理工法もこの工法の1つである．

i) 深層混合処理工法　深層混合処理工法には，大別して機械攪拌工法（図13.12）と高圧噴射攪拌工法がある．機械攪拌工法は，深層混合処理機のオーガーの先端に取りつけた攪拌翼により土を攪拌しながら，プラントでスラリー状にした安定材（固化材，主としてセメント）を油圧ポンプで深層混合処理機の先端に託送・注入し，土と均一混合させ固化させて所定の強度のパイルを造成する．これをスラリー式（CDM 工法など）という．一方，安定材をスラリー化しないで，粉体のままで空気圧送して，攪拌翼で掘削した空間へ填充し，土と混合する粉体式（DJM 工法）の2種類があり図 13.13 に示すような改良パターンがある．

高圧噴射（流体切削）攪拌工法は，高圧ジェットの衝撃力で軟弱地盤を破砕して，切削した部分に安定材を填充・置換，または切削土と安定材の一部を混合す

13.3 軟弱地盤改良工法

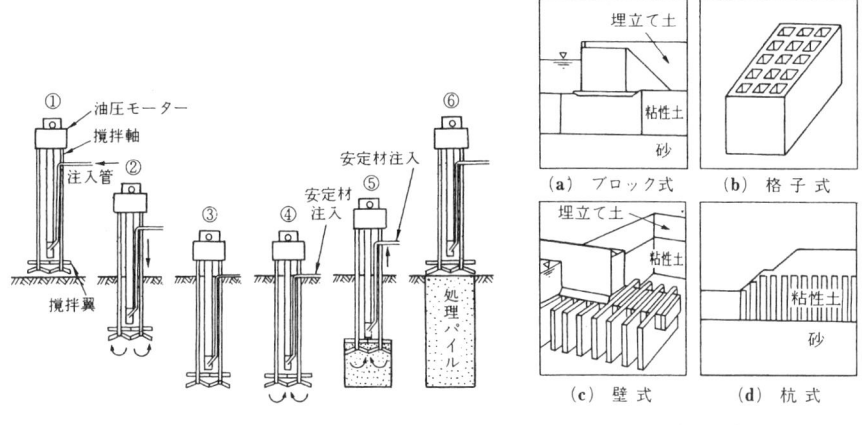

図 13.12 機械攪拌工法の施工手順[8]

図 13.13 深層混合処理工法の改良パターン[8]

る工法である．高圧噴射（流体切削）の方法には，グラウト噴射系，エア・グラウト噴射系，水・エア・グラウト噴射系がある（図 13.14）．

ii）薬液注入工法 任意に固まる時間を調整できる材料（石灰，水ガラス系の薬液のもの）を，地中の所定の箇所に注入管を用いて注入し，周囲の地盤から吸水膨張し，地盤を圧密して，地盤の止水性または強度を増加させる工法を薬液注入工法という．しかし，薬液注入工法は，改良効果の確認が難しく，改良後の固結強度が小さいなどの欠点もある．また，耐久性には問題があって，永久的には使用できないとされている．近年では，都市部に掘られる比較的土被りの薄いトンネル工事の仮設工事に多く用いられている（図 13.15）．

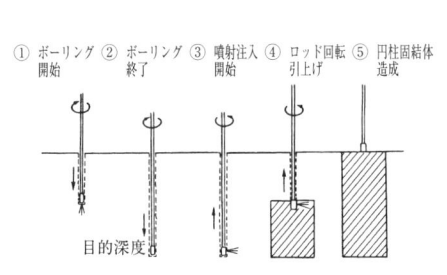

図 13.14 高圧噴射攪拌工法の施工手順[9]

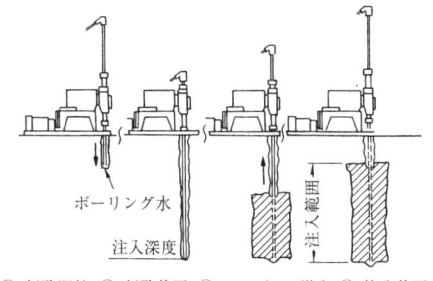

図 13.15 単管ロッド注入施工順序図[5]

演 習 問 題

13.1 軟弱地盤の定義について述べよ．
13.2 軟弱地盤はどのような地形の場所に形成されているか述べよ．
13.3 圧密促進工法の種類と原理について簡単に述べよ．

参考文献
1) 土質工学会編：軟弱地盤の調査・設計・施工法（土質基礎工学ライブラリー1），土質工学会，1996．
2) 稲田倍穂：軟弱地盤における土質工学―調査から設計・施工まで―，鹿島出版会，1981．
3) 地盤工学会地盤改良効果の予測と実際編集委員会編：地盤改良効果の予測と実際，地盤工学会，1999．
4) 軟弱地盤対策工法編集委員会編：軟弱地盤対策工法・調査・設計から施工まで（現場技術者のための土と基礎シリーズ），II編，第5章，土質工学会，1990．
5) 地盤工学会地盤工学ハンドブック編集委員会編：地盤工学ハンドブック，地盤工学会，1999．
6) 土質工学会土質工学ハンドブック改訂編集委員会編：土質工学ハンドブック，土質工学会，pp.1008，1982．
7) 日本国土開発株式会社ホームページ：http://www.n-kokudo.co.jp/tec_civil/consolidation.html
8) 寺師昌明・布施谷寛・能登繁幸：深層混合処理工法の実際と問題点―深層混合処理工法の概要―，土と基礎，**31**(6)，57-64，1983．
9) セメント協会編：セメント系固化材による地盤改良マニュアル（第2版），技報堂出版，1994．

14 土壌汚染と土壌浄化

　高度経済成長の中で，わが国は重化学工業を中心に目覚ましい発展を成し遂げたが，一方で公害をもたらし，人々の健康を脅かしてきた．1967年に制定された公害対策基本法で大気汚染，水質汚濁，騒音，悪臭，地盤沈下，振動，土壌汚染の典型的な7公害の防止が法律で定められた．7公害のうち，地盤に関係するものが，地盤沈下，振動，土壌汚染の3公害であり，地盤環境が人々の生活に直結していることがわかる．行政機関は環境基本法を根幹とし，水質，土壌に対しての法律を制定し，①土壌汚染発生の未然防止，②土壌汚染の状況の把握，③土壌汚染による人の健康被害の防止に努力している．一方，地盤工学の役割の中では，近年，汚染原因や有害物質の特徴に応じた土壌・地下水汚染の対策技術が開発され，施工されている．

14.1　土壌・地下水汚染とは

　土壌汚染とは，生態系に影響を及ぼす有害な物質によって土壌や地下水が汚染されることである．土壌や地下水が汚染される原因としては，工場操業に伴って使用される有害物質や危険物の漏洩，または工場での不適切な処理による地下水への浸透，廃棄物の不適切な埋設，農薬の散布や過剰な施肥などがあげられる．具体的には①揮発性有機化合物，②重金属等，③農薬等，④硝酸性窒素・亜硝酸性窒素，④ダイオキシン類，⑤油類などが有害物質として土壌や地下水を汚染している．

　図14.1に有害物質によって地下水が汚染されていく様子を示す．地盤中に浸透した汚染物質は，土粒子に吸着したり，土の間隙内に残留したり，または汚染物質の種類によっては間隙水に溶解したりして，地盤の表層より下方に徐々に浸透する．帯水層に到達すると，地下水の流れに伴って下流へ広がりをみせながら

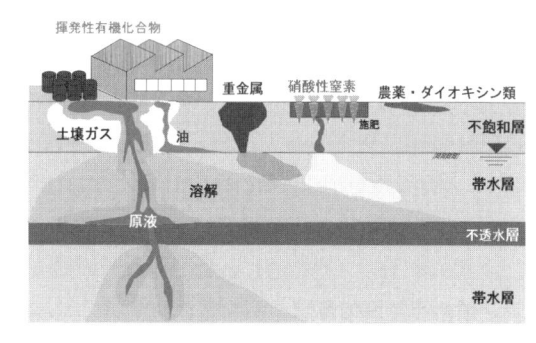

図14.1　土壌・地下水汚染の様子

拡散する．表 14.1 に主な有害物質の種類，用途，毒性を示す．

14.2 土壌汚染・地下水汚染に関する法規制

　日本における土壌汚染問題の原点は鉱工業施設等から排出された鉱毒水による農用地の土壌汚染であり，1870 年代の渡良瀬川流域の銅汚染（足尾銅山鉱毒事件），1960 年代の神通川流域のカドミウム汚染（イタイイタイ病），1970 年代の土呂久地区の砒素汚染などを受けて，1970 年に「**農用地の土壌汚染防止等に関する法律**」が定められた．この法律はカドミウム，銅，砒素という特定有害物質が一定基準を超える場合，都道府県知事が対策地域を設定して客土などを実施するものである．

　一方，市街地の土壌汚染問題は，1970 年代に発生した東京都墨田区，江東区，江戸川区において起きた六価クロム鉱滓事件が先駆けであり，1986 年に「**市街地土壌汚染に係る暫定対策指針**」が策定され，1991 年には重金属等を中心に 10 項目について土壌汚染に関する環境基準である「**土壌の汚染に係る環境基準**」が定められた．土壌環境基準については，その後，揮発性有機化合物や農薬を含む 15 項目，ふっ素，ほう素の 2 項目が追加され合計 27 項目となった．

　また，地下水汚染については，1984 年半導体工場による揮発性有機化合物による汚染が兵庫県太田市で初めて明らかになり，トリクロロエチレン，テトラクロロエチレン，トリクロロエタンなど揮発性有機化合物による広域的な地下水汚染が深刻な問題として認識された．地下水汚染に関する法律としては「**水質汚濁防止法**」があり，これを契機に 1989 年には，トリクロロエチレン，テトラクロロエチレンの項目を追加するとともに，有毒物質の地下浸透を禁止した．また，1996 年の改正では，都道府県知事が地下水汚染の浄化にかかわる措置命令を出せるようになった．

　その後，1999 年に「**土壌・地下水汚染に係る調査・対策指針及び運用基準**」の制定により，土壌汚染と地下水汚染の調査対策指針が統合され，土地所有者の責任という思想を取り入れた「**土壌汚染対策法**」（2003 年 2 月 15 日施行）に至る．「土壌汚染対策法」は，すでに存在する土壌汚染の状況を把握すること，および土壌汚染による人の健康被害を防止することを目的とする法律である．また，ダイオキシンの毒性に注目が集まったことを契機に，2000 年に「**ダイオキシン類対策特別措置法**」が制定された．

14.2 土壌汚染・地下水汚染に関する法規制

表14.1 有害物質の用途と毒性[1]

		主な用途	主な毒性
揮発性有機化合物	四塩化炭素	フルオロカーボン類の原料，溶剤	肝機能障害，発ガン性の疑い
	1,2-ジクロロエタン	塩化ビニルモノマーの原料	中枢神経障害，発ガン性の疑い
	1,1-ジクロロエチレン	ポリ塩化ビニリデンの原料	肝・腎機能障害，発ガン性の疑い
	シス-1,2-ジクロロエチレン	溶剤	中枢神経障害，肝機能障害
	1,3-ジクロロプロペン	殺虫剤（土壌薫蒸剤など）	頭痛，肺水腫，発ガン性の疑い
	ジクロロメタン	溶剤，冷媒など	中枢神経障害，発ガン性の疑い
	テトラクロロエチレン	脱脂洗浄剤，ドライクリーニング	肝機能障害，発ガン性の疑い
	1,1,1-トリクロロエタン	金属洗浄剤，ドライクリーニング	肝・腎機能障害
	1,1,2-トリクロロエタン	溶剤，塩化ビニリデンの原料	肝・腎機能障害，神経障害
	トリクロロエチレン	脱脂洗浄剤，溶剤	精神障害，発ガン性の疑い
	ベンゼン	溶剤，ガソリン成分	再生不良性貧血，白血病
重金属	カドミウム	電池，顔料，メッキ，合金	腎機能障害，発ガン性
	六価クロム	酸化剤，メッキ，染料，製革	鼻中隔穿孔，発ガン性
	シアン	精錬，メッキ，金属表面処理	頭痛，呼吸困難
	総水銀	電池，蛍光灯，触媒	中枢神経障害，発ガン性の疑い
	アルキル水銀	農薬，試薬など	中枢神経障害，発ガン性の疑い
	セレン	ガラス，窯業，半導体材料	硬組織（爪，髪）の赤色化
	鉛	顔料，蓄電池，鉛管，錘	疲労，貧血，発ガン性の疑い
	砒素	触媒，脱硫剤，半導体材料	食欲不振，発ガン性
	銅	電線，伸銅，鋳物	咳，頭痛，腹痛，吐き気，嘔吐，皮膚炎
農薬等	シマジン	除草剤	皮膚炎，生殖毒性
	チオベンカルブ	除草剤	皮膚炎，生殖毒性
	チウラム	殺菌剤	催奇形性，肝機能障害
	有機リン化合物	殺虫剤	神経障害
その他	ふっ素	防腐剤，殺虫剤，冷媒，ガラス	斑状歯，骨脆弱性
	ほう素	脱酸剤，ガラス，セラミック繊維	生殖毒性
	亜硝酸性・硝酸性窒素	無機肥料，腐敗動植物，生活排水，ふん尿	メトヘモグロビン血症（酸素欠乏症）
	油類	ガソリン，灯油，軽油，重油等の燃料油，機械油，切削油等の潤滑油，アスファルト	
	PCB	トランス，コンデンサー，熱媒体	皮膚・内臓障害，発ガン性の疑い
	ダイオキシン類	飛灰など	胸腺萎縮，肝臓・生殖障害

14.3 土壌汚染・地下水汚染の実態と特徴

土壌・地下水汚染は，有害物質の種類や特徴，その原因や発生過程，汚染物質が存在している地層構成や地下水面の深度，汚染物質の蓄積・拡散後の経緯によりその形態が様々である．以下に，代表的な土壌・地下水汚染として揮発性有機化合物，重金属，油類および農薬による汚染の実態と特徴について述べる．

14.3.1 揮発性有機化合物

トリクロロエチレン，テトラクロロエチレンなどに代表される揮発性有機化合物は，揮発性が高く，難水溶性で，油の溶解力が高いなどの優れた性質を有している．そのため工業化学品として，IC基板や電子部品の洗浄，金属部品の前処理洗浄，ドライクリーニング用の溶剤等の様々な用途に用いられる一方，化学合成原料としても大量に使用されてきた．また，その使用方法は，蒸気洗浄，浸漬，吹き付け，布に染み込ませてのふき取りなど，開放系での使用がほとんどであった．したがって，揮発性有機化合物による土壌・地下水汚染は，そのほとんどが地表面あるいはその近くから土壌へ侵入し，地下に浸透して土壌や地下水を汚染させたものである．

揮発性有機化合物は，水より重い疎水性の液体（重非水液，DNAPLs：Dense Nonaqueous Phase Liquids）と，水より軽い疎水性の液体（軽非水液，LNAPLs：Light Nonaqueous Phase Liquids）に分類される．表14.1で示される揮発性有機化合物のうちベンゼンを除く10項目がDNAPLsに分類される．

表層の汚染源から流出したDNAPLsは，一部は土壌間隙中に滞留しながら，液状のまま地下へ浸透する．不飽和層に滞留したDNAPLsは間隙の気相中で揮発・滞留もしくは移動することにより地表付近の空気を汚染する．また，帯水層中に滞留したDNAPLsは，水よりも重く土壌中をほぼ鉛直方向に浸透し，難水溶性であるが，地下水中にわずかずつ溶出して地下水汚染を引き起こす（例えばトリクロロエチレンの溶解度は，水1Lあたり1g）．地下水中に溶出したDNAPLsは地下水の流れとともに移動し，周囲の地下水によって希釈されながら拡散していく．一方，ベンゼン等の水より軽いLNAPLsは，地下水面上で拡散・移動する特性があり，油類と同様の挙動を示す（14.3.3項を参照）．

揮発性有機化合物は，通常土壌中や地下水中では分解されにくいものである．しかしながら，地下環境においては，酸素が少ないいわゆる嫌気的条件下におい

て生物的または化学的な脱塩素反応（塩素が水素に置き換わる反応）により，徐々ではあるが分解される．一例として，テトラクロロエチレンの分解過程を図14.2に示す．

14.3.2 重 金 属

重金属による土壌・地下水汚染の原因は，鉱山や精錬工場からの排水・鉱宰流出，廃棄物の投棄，埋立地からの浸透拡散，重金属を含む原材料，薬品等の保管・製造過程における漏出，廃水処理設備からの漏洩，大気からの降下物による汚染などがあげられる．

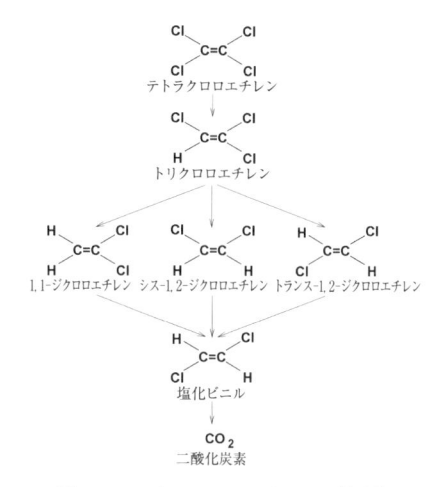

図14.2 テトラクロロエチレンの還元的脱塩素反応の経路

重金属は地盤中に微量ながら含まれていることがあり，砒素，鉛，ふっ素，水銀，カドミウム，セレン，ほう素，六価クロムについては，自然的原因により，土壌・地下水中に含有される場合がある．

土壌中における重金属等の挙動は，その物理的・化学的な性状および媒体となる土壌の性状により異なるが，一般的に水に溶けにくく，土壌に吸着されやすい．そのため，地表面から地下へ浸透した重金属は，地表近くの土壌中に存在し，深部まで拡散しないことがある．しかし，土壌の吸着能を超える負荷が生じた場合や六価クロムやシアンのように水に対する溶解度が高く，移動性の高い物質の場合には，地下浸透とともに地下深部にまで拡散することがある．

14.3.3 油 類

油類による土壌・地下水汚染の原因としては，自然流出，輸送中の流出，石油精製工場からの漏出，廃棄物，産業廃水などがあげられる．浸透した油類の挙動はその粘性により異なるが，ガソリンに代表される比較的粘性が小さいものは浸透しやすく，アスファルトなど分子量が大きく粘性が高い成分のものはほとんど浸透せず土粒子に付着しやすい．

ベンゼン等の芳香族炭化水素や脂肪族炭化水素を成分とする油はLNAPLsに分類され，水より軽く，水に溶解しにくい．地盤中に浸透したLNAPLsは間隙

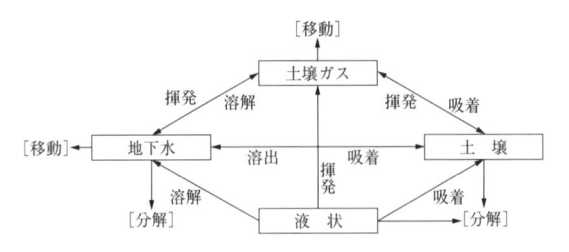

図 14.3 揮発性有機化合物，油類の存在形態

に滞留しやすく，揮発してガスとなって移動する．地下水面付近に近づくと毛管水帯や地下水表面を水平方向に拡散する．また，地表からの漏洩が多量である場合は，地下水表面に厚みをもった油層を形成する．

地盤中に浸透した油は一般的に帯水層深くまで浸透することは少ないが，地下水位の季節変動により地下水とともに上下に移動することによって，帯水層中に滞留する場合もある．

土壌・地下水に侵入した油類は，固相（土粒子），気相（土壌ガス）および液相（間隙水・地下水）の3相の間で，①土壌粒子に吸着，②地下水に溶解，③土壌ガス中に気化，④原液のまま土壌の間隙中に存在という形態で分配される．

14.3.4 農　　薬

殺虫剤，殺菌剤，除草剤などの農薬は一般に葉茎散布される．また，作物の根から吸収させるものは直接土壌に施用される．いずれの場合も地表面における農薬の濃度は比較的低濃度で均一である．

しかし，農薬製造工場や貯蔵場所において農薬の漏洩流出事故が起きると，高濃度の農薬による土壌・地下水汚染が引き起こされる可能性がある．この場合，有機化合物や重金属類など多様な汚染物質と共存することが多い．

また，過去に工場敷地内などにおいて，農薬が他の廃棄物と一緒に埋立処分をされている場合には，高濃度の農薬汚染が広範囲に広がっている可能性がある．

液状，固体状で土壌に侵入した農薬は，原液あるいは固体のまま土壌にとどまり，一部はガス化して揮発する．そして，降雨など地表から水が供給されると，浸透水に溶解して土壌中を移動する．農薬は水に難溶性であるが，有機物に吸収・吸着される傾向が高く，土壌中の固相（土粒子）や浸透水中の有機物に吸着されやすい．したがって，農薬は固相（土粒子）や液相（間隙水）中を吸着，脱

着を繰り返しながら，不飽和土壌中を拡散する．そして帯水層に到達すると，地下水の流れに従って地下水中の浮遊物や有機物とともに運搬され，土壌中を広がりながら移動する．

14.4 土壌・地下水中における汚染物質の挙動[2]

土壌・地下水中における汚染の広がりは，汚染物質の性質（比重，粘性，土壌への吸着性，地下水への溶解度など）や土壌の性状，地下水の挙動，地層構成などによって大きく左右される．そして，汚染物質が地下水中に溶け込み，地下水の流れとともに移動し拡散する際，土壌への吸着・脱着を繰り返しながら，移流と分散という2つの現象が起きる．以下に，汚染物質の土壌・地下水中における挙動について述べる．

14.4.1 移流と分散

汚染物質の移流は，地下水に溶け込んだ汚染物質が図14.4に示すように，時間が経過しても濃度分布を保持した状態で地下水の流れとともに汚染物質が移動することをいう．

一方，分散は地盤中の地下水流速の不均一性によって汚染濃度が空間的に広げられる現象であり，図14.5に示すようにブラウン運動によって濃い汚染濃度が時間経過とともに薄く広がりをみせる．

分散は，汚染物質の分子のランダムな運動により生じる分子拡散と汚染物質が地下水で運ばれる機械的拡散に区分される．このうち機械的

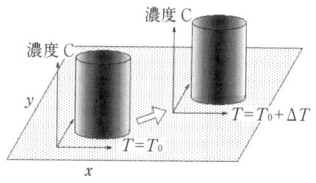

図14.4　移流概念図

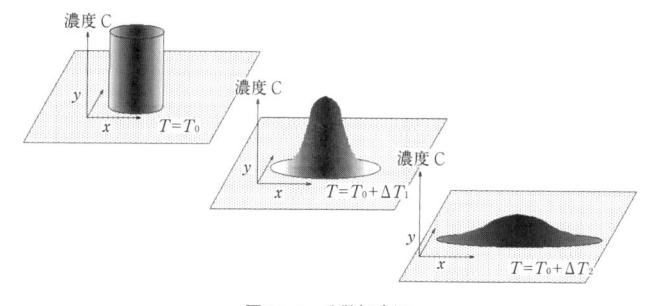

図14.5　分散概念図

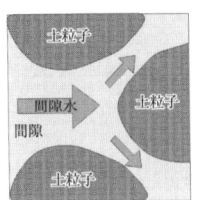

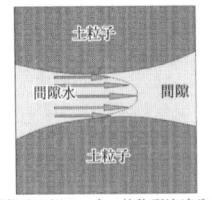

拡散は，異方性があり，横方向と縦方向に区分される（図14.6）。間隙内の毛管路の幅が変化し一様でない場合，流れ方向に対して直交する方向に汚染物質が広がる．これを横方向の分散という．また，間隙内の毛管路が一様あるいは平行な場合は，地下水の流れは土粒子壁面近くで遅く，管路中央では速くなり，放物型の流速分布となる．この流速分布に従って流れ方向に汚染物質は分散する．これを縦方向の分散という．機械的拡散を表す機械的拡散係数は濃度が変動する度合いを表す分散長と間隙内の地下水流速（実流速）の積として以下の式で表される．縦分散長は流れ方向に地下水の流速に先行して濃度が変動する度合い，横分散長は流れに直交する方向への濃度の変動する度合いを表す．

$$D_L = \alpha_L \times v \tag{14.1}$$

$$D_T = \alpha_T \times v \tag{14.2}$$

ここで D_L：縦方向機械的拡散係数，α_L：縦方向分散長，D_T：横方向機械的拡散係数，α_T：横方向分散長，v：間隙内流速（実流速）である．

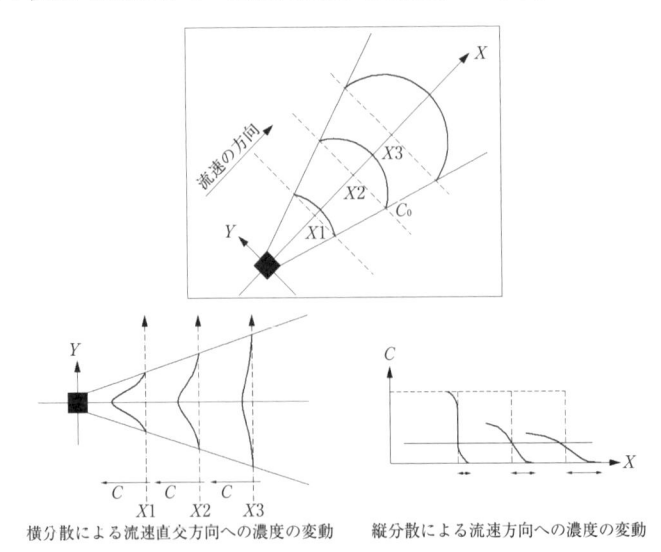

毛管路の幅の変化→横分散　　毛管路の幅の一定→放物型流速分布（縦分散）

図14.6　横分散と縦分散の概念図

横分散による流速直交方向への濃度の変動　　縦分散による流速方向への濃度の変動

図14.7　縦・横分散長概要

14.4.3 移流拡散支配方程式

地盤中の汚染物質が地下水中に溶け込み，地下水とともに移動・分散する場合，土粒子への吸着・脱着，化学的分解，および放射性物質のような自然崩壊などが生じることが考えられる．一般に地下水中に溶解した物質の挙動は式 (14.3) に示す移流拡散の支配方程式でモデル化することができる．

$$R\rho\theta\frac{\partial c}{\partial t} = \frac{\partial}{\partial x_i}\left(\rho\theta D_{ij}\frac{\partial c}{\partial x_j}\right) - \left(\rho\theta v_i\frac{\partial c}{\partial x_i}\right) - R\rho\theta\lambda c - Q_c \qquad (14.3)$$

ここで，R：遅延係数，θ：体積含水率，ρ：流体密度（ML^{-3}），D_{ij}：分散テンソル（L^{2}T^{-1}），c：濃度（正規化濃度），v_i：間隙内流速（LT^{-1}），λ：減衰定数（T^{-1}），t：時間（T），Q_c：源泉項（L^{3}T^{-1}）（解析領域内での湧き出し，吸い出し）である．

式 (14.3) に示す支配方程式の右辺第 1 項は分散項であり，支配方程式の中では分散テンソル D_{ij} を用いて汚染物質が地盤中を移動する際の流れ方向，流れに対する直交する方向に分散する現象を示す．支配方程式の右辺第 2 項は移流項である．汚染物質が地下水とともに移動する移流現象を示している．支配方程式の右辺第 3 項は減衰項であり，汚染物質が化学反応や微生物による分解などで，性質が異なる別の物質に変化したり，消滅したり，濃度が経時的に減衰する現象を示している．減衰定数 λ は式 (14.4) によって表される．

$$\frac{d(\theta c)}{dt} = -\lambda\theta c \qquad (14.4)$$

図 14.8 に示すように，土壌中に存在する汚染物質の原液から地下水中に溶解した汚染物質は，地下水と土壌の間で吸着・脱着を繰り返して地下水とともに移動する．土粒子への吸着・脱着の作用が働くと，その汚染物質の移動速度は間隙を流れる水の移動速度よりも小さくなり遅れの現象が生じる．式 (14.3) の支配方程式中の遅延係数 R は，その遅れの程度を表したものであり，分配係数を用いて式 (14.5) で表される．

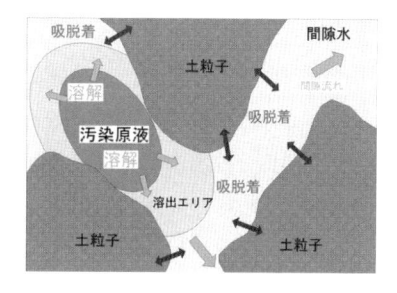

図 14.8 汚染物質の挙動

$$R = \left(1 + \frac{\rho_d}{\theta}k_d\right) \qquad (14.5)$$

ここに，ρ_d：土の乾燥密度（ML^{-3}），k_d：飽和地盤の分配係数（$M^{-1}L^3$）である．

分配係数 k_d は，土粒子中の有機物含有量に比例する汚染物質の物性値であり，土壌中の間隙水（液相）の濃度と土粒子（固相）の濃度より式（14.6）のように表すことができる．分配係数が大きいほど，土粒子への汚染物質の吸着量が大きいと評価できる．

$$C_s = k_d C_w \tag{14.6}$$

ここで，C_s：土粒子（固相）濃度，C_w：間隙水（液相）濃度である．

14.5 土壌・地下水汚染対策の措置[3]

土壌汚染対策法の対象となる物質を特定有害物質という．土壌に含まれることに起因して健康被害を生ずるおそれがあるものとして，揮発性有機化合物，重金属等，および農薬等の25物質が指定されている．これらの25物質には，特定有害物質が含まれる汚染土壌中からの特定有害物質の溶出に起因する汚染地下水等の摂取によるリスク（「地下水等の摂取によるリスク」）がある．また，このうち重金属等の9物質については，特定有害物質が含まれる汚染土壌を直接摂取することによるリスク（「直接摂取によるリスク」）がある．

また，地下水等の摂取によるリスクにかかわるものとして，特定有害物質の検液への溶出量による基準（土壌溶出量基準）が，直接摂取によるリスクにかかわるものとして特定有害物質の含有量による基準（土壌含有量基準）が定められている．これらの基準に適合しない場合には，それらのリスクを回避するための措置が必要となる場合がある．

土壌汚染対策法における措置の目的は，土壌汚染による健康被害を防止することである．この目的を達成するための措置には，土壌汚染が存在する土地から特定有害物質を抽出あるいは分解，または当該土地からの搬出により除去するいわゆる「土壌汚染の除去」手法と，汚染土壌と人が接触する機会を抑制する暴露管理，汚染土壌または汚染土壌中に含まれる特定有害物質の移動を抑制する暴露経路遮断といういわゆる「土壌汚染の管理」手法がある．表14.2に特定有害物質の種類と基準，表14.3，表14.4に直接摂取によるリスクに係る措置，地下水等の摂取によるリスクに係る措置の概要について示す．

表14.2 特定有害物質の種類と基準[3]

分類	特定有害物質の種類	指定基準 土壌溶出量基準 (mg/L)	指定基準 土壌含有量基準 (mg/kg)	地下水基準 (mg/L)
第一種特定有害物質	四塩化炭素	0.002 以下	—	0.002 以下
	1,2-ジクロロエタン	0.004 以下	—	0.004 以下
	1,1-ジクロロエチレン	0.02 以下	—	0.02 以下
	シス-1,2-ジクロロエチレン	0.04 以下	—	0.04 以下
	1,3-ジクロロプロペン	0.002 以下	—	0.002 以下
	ジクロロメタン	0.02 以下	—	0.02 以下
	テトラクロロエチレン	0.01 以下	—	0.01 以下
	1,1,1-トリクロロエタン	1.0 以下	—	1.0 以下
	1,1,2-トリクロロエタン	0.006 以下	—	0.006 以下
	トリクロロエチレン	0.03 以下	—	0.03 以下
	ベンゼン	0.01 以下	—	0.01 以下
第二種特定有害物質	カドミウムおよびその化合物	0.01 以下	150 以下	0.01 以下
	六価クロム化合物	0.05 以下	250 以下	0.05 以下
	シアン化合物	検出されないこと	50 以下（遊離シアンとして）	検出されないこと
	水銀およびその化合物	水銀が0.0005以下，かつ，アルキル水銀が検出されないこと	15 以下	水銀が0.0005以下，かつ，アルキル水銀が検出されないこと
	セレンおよびその化合物	0.01 以下	150 以下	0.01 以下
	鉛およびその化合物	0.01 以下	150 以下	0.01 以下
	砒素およびその化合物	0.01 以下	150 以下	0.01 以下
	ふっ素およびその化合物	0.8 以下	4000 以下	0.8 以下
	ほう素およびその化合物	1.0 以下	4000 以下	1.0 以下
第三種特定有害物質	シマジン	0.003 以下	—	0.003 以下
	チオベンカルブ	0.02 以下	—	0.02 以下
	チウラム	0.006 以下	—	0.006 以下
	ポリ塩化ビフェニル	検出されないこと	—	検出されないこと
	有機りん化合物	検出されないこと	—	検出されないこと

表 14.3 直接摂取によるリスクに係る措置

措置の目的	措置の種類		措置の概要
直接摂取によるリスクに係る措置（土壌含有量基準に適合しない汚染土壌を有する区域に対する措置）	暴露管理	立入禁止	塀，フェンス，柵等で人の立ち入りを防止し，シート等による覆いにより雨水の浸入，汚染土壌の飛散を防止する
	暴露経路遮断	舗装	コンクリート（10 cm 以上），アスファルト（3 cm 以上）で舗装する
		盛土	汚染されていない盛土材を用い 50 cm 以上の厚さの盛土で覆う
		土壌入換え	・汚染土壌及びその下の汚染されていない土壌を掘削除去し，汚染土壌を深部へ，掘削除去された汚染されていない土壌を浅部に埋め戻す ・汚染土壌を掘削して，掘削除去した跡を浄化された土壌又は汚染されていない土壌で埋め戻す
	土壌汚染の除去	原位置浄化	①原位置土壌洗浄 　汚染土壌中に水を通過させ，それをポンプアップし，排水処理装置で洗浄水中の汚染物質を除去することにより，汚染土壌中の濃度を低下させる ②原位置分解法 　重金属類の中でもシアンを対象とする分解法であり，地盤中に薬剤を注入して溶出の促進や分解を行う
		掘削除去	①汚染土壌を掘削除去し，敷地内で浄化して埋め戻す ②汚染土壌を掘削除去し，場外（最終処分場，汚染土壌浄化施設，セメント工場等）に搬出して適正に処分する．埋め戻しは，浄化施設で浄化された土壌，又は汚染されていない新しい土壌で行う

14.5 土壌・地下水汚染対策の措置

表14.4 地下水等の摂取によるリスクに係る措置

措置の目的		措置の種類	措置の概要
地下水等の摂取によるリスクに係る措置（土壌溶出量基準に適合しない汚染土壌を有する区域に対する措置）	暴露管理	地下水の水質測定	土壌溶出量基準には適合していないが，地下水汚染が発生していない場合には，観測井戸を設置し，汚染が地下水へ拡散していく状態にないことを地下水のモニタリングにより継続して監視する
	暴露経路遮断	原位置不溶化	重金属類による汚染土壌に，原位置で薬剤を添加することにより，汚染物質が地下水に溶け出しにくくする
		不溶化埋戻し	汚染土壌を掘削し，掘削した土壌に薬剤を添加して溶出量を低下させた後，埋め戻す
		原位置封じ込め	土壌溶出量基準に適合しない汚染土壌を原位置において封じ込め，汚染土壌が地下水に接することにより，汚染土壌から溶出した汚染物質によって地下水が汚染されることを防止する 原位置封じ込めは①汚染土壌下部の不透水層，②汚染土壌周囲の遮水壁，③汚染土壌上面の遮水機能を保有する雨水等の浸入防止のための舗装措置で構成される
		遮水工封じ込め 遮断工封じ込め	土壌溶出量基準に適合しない汚染土壌を掘削除去し，遮水工封じ込め施設又は遮断工封じ込め施設を設置後，汚染土壌を埋め戻して封じ込めることによって，汚染土壌が地下水に接することにより，汚染土壌から溶出した汚染物質によって地下水が汚染されることを防止する
	土壌汚染の除去	原位置浄化	①原位置抽出法（土壌ガス吸引法・地下水揚水法） 　汚染物質により汚染された土壌ガスや地下水を抽出して汚染物質を除去する方法であり，土壌ガス吸引法，地下水揚水法，エアスパージング法などがある ②原位置分解法（化学的分解，生物的分解） 　汚染土壌を掘削することなく化学的作用や生物の作用により汚染物質を原位置において分解する 　化学的分解には，汚染土壌中に薬剤を添加し，酸化分解や還元分解をさせる方法がある 　また，生物分解には，酸素，栄養塩および薬剤等を注入して地盤中の微生物を活性化させて分解する方法や植物の吸収・分解作用を利用して地盤中の濃度を低下させる方法がある ③原位置土壌洗浄 　「直接摂取によるリスクに係る措置」を参照
		掘削除去	「直接摂取によるリスクに係る措置」を参照

演 習 問 題

14.1 揮発性有機化合物,重金属による汚染の特徴についてそれぞれ説明せよ．
14.2 土壌中の汚染物質の挙動について説明せよ．
14.3 汚染物質の土壌への吸着現象について説明せよ．

参考文献
1) 渡邊　泉：汚染物質を知る，土木施工，**44**(12)，14-19，2003．
2) 地盤工学会土壌・地下水汚染の調査・予測・対策編集委員会編：土壌・地下水汚染の調査・予測・対策，地盤工学会，2002．
3) 環境省監修，土壌環境センター編：土壌汚染対策法に基づく調査及び措置の技術的手法の解説，土壌環境センター，2003．
4) 平田健正監修，土壌環境センター編：土壌汚染と対応の実務，オーム社，2001．
5) 小澤英明：土壌汚染対策法，白揚社，2003．
6) 工業技術会編：地下水汚染・土壌汚染の現況と浄化対策，1993．

演習問題解答

第1章

1.1 太平洋プレート，ユーラシアプレート，北アメリカプレート，フィリピン海プレートの4つのプレートである．
1.2 地形図からは地形情報（地表の起伏，形態，水系など），地質図からは地層や岩石の種類，岩相，年代，岩盤構造などが得られる．
1.3 岩石を区分すると未固結堆積物，軟岩，硬岩に区別される．
1.4 鉱物粒子同士が結合力をもって集まった構造を有する未固結状態のもの．
1.5 定積土，運積土，堆積土．
1.6 風化した土が河川の流れの力で上流から下流にかけて連続的に堆積する．その際，粒径は水の流れに関係する．

第2章

2.1 表 2.1 参照．
2.2 土の物理的性質を求める試験，土の化学的性質を求める試験，土の力学的性質を求める試験．
2.3 乱さない試料・不攪乱試料，乱した試料・攪乱試料．
2.4 75 cm の高さから 63.5 kg のハンマーを自由落下させ，ロッドの先に取りつけたサンプラーを 30 cm 貫入させるのに必要な打撃回数 N 値．その N 値から土の硬さ・やわらかさが得られる．

第3章

3.1 粒径の小さい順に，0.075 mm，75 mm．
3.2 D_{10}，D_{30}，D_{60} とは通過質量百分率が 10%，30%，60%に相当する粒径のこと．
3.3 均等係数 U_c は粒径加積曲線の傾き，曲率係数 U_c' は粒径加積曲線の凹凸やなだらかさを示す．
3.4 液性限界，塑性限界，収縮限界．
3.5 シルトや粘土のような細粒土の分類に使用される．
3.6 （ⅰ）図 3.8 のような流動曲線を描き，液性限界（落下回数 25 回の含水比）を求めると，28.2%となる．

(ii) 流動指数は 10.7．
(iii) 塑性指数は液性限界（28.2%）と塑性限界（12.4%）の差であるから，15.8 である．
3.7 土の湿潤密度は 1.87 g/cm³，乾燥密度は 1.65 g/cm³，間隙比は 0.52，飽和度は 62.5%．飽和度 100% のときの含水比は 20.8%．
3.8 地山の間隙比は 0.649，盛土の体積は 240000 m³．

第 4 章

$\gamma_w = 9.8$ kN/m³ として
4.1

```
A層 2.0m  γ_sat = 20 kN/m³
B層 3.0m  γ_sat = 17 kN/m³
C層 4.0m  γ_sat = 18 kN/m³
```

地下水位低下前
(単位：kN/m²)

② $u = 9.8 \times 2 = 19.6$
$\sigma = 20 \times 2 = 40.0$
$\sigma' = 40 - 19.6 = 20.4$

③ $u = 9.8 \times 5 = 49.0$
$\sigma = 40 + (17 \times 3) = 91$
$\sigma' = 91 - 49 = 42.0$

④ $u = 9.8 \times 9 = 88.2$
$\sigma = 91 + (18 \times 4) = 163$
$\sigma' = 163 - 88.2 = 74.8$

地下水位低下後
(単位：kN/m²)

② $\sigma = 18 \times 2 = 36$

③ $\sigma = 36 + (16 \times 3) = 84$

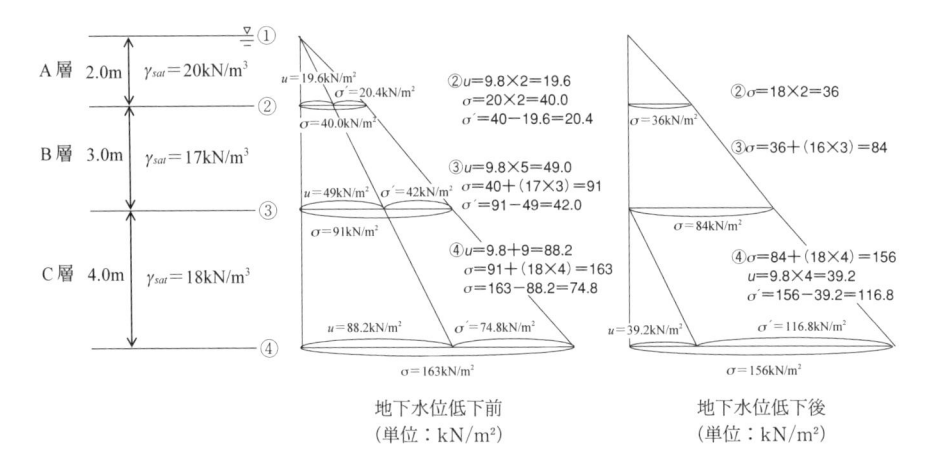

④ $\sigma = 84 + (18 \times 4) = 156$
$u = 9.8 \times 4 = 39.2$
$\sigma' = 156 - 39.2 = 116.8$

4.2 (i)

A点	B点
$\sigma = 94.0$ kN/m²	$\sigma = 254$ kN/m²
$u = 19.6$ kN/m²	$u = 98.0$ kN/m²
$\sigma' = 74.4$ kN/m²	$\sigma' = 156$ kN/m²

(ii)

A点	B点
$\sigma = 90.0$ kN/m²	$\sigma = 242$ kN/m²
	$u = 39.2$ kN/m²
	$\sigma' = 202.8$ kN/m²

4.3 (i) $\Delta\sigma_z = 200 \times 0.221 + 800 \times 0.084 = 111.4$ kN/m²

(ii) 点 A 直下のとき：
$$m = 4/5 = 0.8, \quad n = 3/5 = 0.6$$
図 4.16 を参考にして I_σ を求めると $I_\sigma = 0.125$ となる．
$$\therefore \sigma_{zA} = 200 \times 0.125 = 25$$

点 B 直下のとき：
長方形を 4 分割して考える．
$$\sigma_{z1} = 200 \times 0.045 = 9 \text{ kN/m}^2$$

$$\left(m=\frac{2}{5}=0.4,\quad n=\frac{1.5}{5}=0.3\quad \therefore \text{図 4.16 より}\quad I_{\sigma 1}=0.045\right)$$
$$\therefore \sigma_z=\sigma_{z1}\times 4=9\times 4=36\,\text{kN/m}^2$$

第5章

5.1 点1における全水頭は $H_{T(1)}=z+H+\Delta H$, 点2における全水頭は $H_{T(2)}=z+H$, 点1から左に x 離れた点での全水頭 $H_{T(x)}=z+H+\Delta H(L-x)/L$, よって点1から左に x 離れた点での圧力水頭は $H_{p(x)}=H+\Delta H(L-x)/L$ であるので, 間隙水圧は $u_w=H_{p(x)}\times \gamma_w=(H+\Delta H(L-x)/L)\gamma_w$ となる.

5.2 （ⅰ）点Cと同じ高さで管外に点（D）を仮に設けると, 水面マークである点Aおよび点（D）の圧力水頭はともに0cmで, 点Aおよび点（D）の全水頭は14cmと0cmとなる. また, 水だけの部分は土質力学の場合には水の流れが遅いため損失はなく, 全水頭は不変である. よって, 点Aと点B, 点Cと点（D）の全水頭は互いに等しく, それぞれ14cmと0cmとなる. これより, 位置水頭を差し引くことで点Bの圧力水頭4cm, 点Cの圧力水頭0cmが求められる.

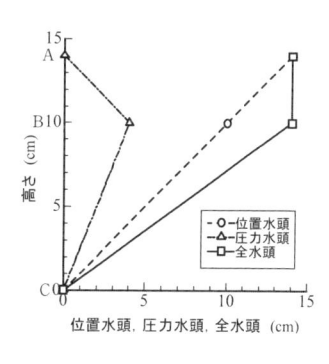

ダルシーの法則を用いて1分間あたりの流量を求めると,
$$Q=Akit=Ak(\Delta H/L)t$$
ここに, A：断面積（$10^2\times \pi/4\,\text{cm}^2$）, k：透水係数, ΔH：水位差（$4+10=14\,\text{cm}$）, t：時間（60 s）, Q：流量（24 mL＝24 cm³）であるから, $k=3.64\times 10^{-3}$ cm/s となる.

（ⅱ）変水位透水試験により,
$$k=2.303\frac{aL}{A\Delta t}\log_{10}\frac{H_1}{H_2}=2.303\frac{2^2\pi/4}{10^2\pi/4}\frac{10}{60}\log_{10}\frac{14}{11}=1.61\times 10^{-3}\quad (\text{cm/s})$$

5.3 テルツァギーの限界動水勾配 $I_{cr}=\dfrac{\gamma_s-\gamma_w}{\gamma_w(1+e)}=(1-n/100)(G_s-1)$ より

ゆる詰めのとき $I_c=(1-0.45)(2.64-1)=0.90$
密詰めのとき $I_c=(1-0.37)(2.64-1)=1.03$

第6章

6.1 （ⅰ）$S_f=H\dfrac{e_0-e}{1+e_0}=7\dfrac{2.10-1.75}{1+2.10}=0.790$ m

(ii) $V_s = \dfrac{W_s}{\rho_s} = \dfrac{40.3}{2.64} = 15.3 \text{ cm}^3$

$V_0 = 3.14 \times 3^2 \times 2 = 56.6 \text{ cm}^3$

$V = 3.14 \times 3^2 \times 1.75 = 49.5 \text{ cm}^3$

$e_0 = \dfrac{V_0}{V_s} - 1 = \dfrac{56.6}{15.3} - 1 = 2.70$

$e = \dfrac{V}{V_s} - 1 = \dfrac{49.5}{15.3} - 1 = 2.24$

$m_v = \dfrac{\Delta e/1 + e_0}{\Delta p} = \dfrac{2.70/1 + 2.24}{78.4} = 0.06 \quad (\text{m}^2/\text{kN})$

6.2 (ⅰ) $(18 - 9.8) \times 10 = 82 \text{ kN/m}^2$

(ⅱ) $C_c = 0.8, \quad e_0 = 1.88$

(ⅲ) $S_c = 1.96 \text{ m}$

※ $S_c = H \dfrac{C_c}{1 + e_0} \log \dfrac{p_0 + \Delta p}{p_0}$ を用いる．

(ⅳ) $C_v = 0.170 \text{ cm}^2/\text{min}$

(ⅴ) $t_{50} = 807$ 日, $t_{90} = 3480$ 日

※ $t = \dfrac{(H/2)^2}{C_v} T_v$ を用いる．

※ C_v の単位を m^2/day に換算しなければならない点に注意．

第7章

7.1 せん断応力ゼロの主応力面のうち，最も大きな値の垂直応力が作用する面が最大主応力面，最も小さな値の垂直応力が作用する面が最小主応力面．

7.2 $\sigma_1 - \sigma_3 = 2c \cos \phi + (\sigma_1 + \sigma_3) \sin \phi$

7.3 土のせん断試験において土に与える力に違いがある．直接，せん断応力を与えるのがせん断応力載荷型，主応力を与えるのが主応力載荷型．

7.4 クーロンの破壊規準．

7.5 乱されていない土の一軸圧縮強さと練り返した土の一軸圧縮強さの比を鋭敏比という．

7.6 $\sigma_x = 100 \text{ kN/m}^2, \sigma_z = 500 \text{ kN/m}^2, \alpha = 60°$ なので，$\sigma_a = 200 \text{ kN/m}^2, \tau_a = 173.2 \text{ kN/m}^2$.

7.7 $\sigma_1 = 1303.6 \text{ kN/m}^2, \sigma_3 = 496.4 \text{ kN/m}^2$

7.8 $c = 20 \text{ kN/m}^2, \phi = 35°$（次ページ左上図）

演習問題解答　*173*

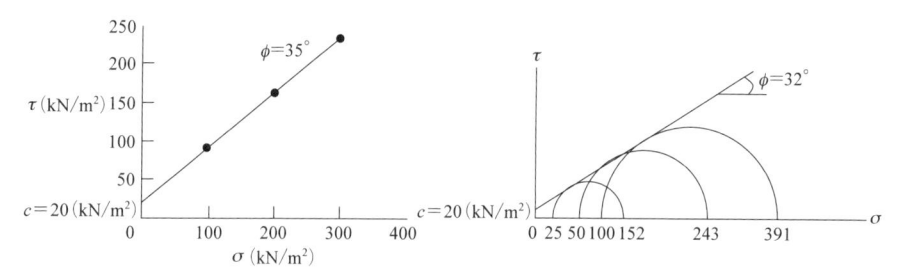

7.9　$c=20\ \text{kN/m}^2$, $\phi=32°$（右上図）

第8章

8.1　（ⅰ）右図.
　　（ⅱ）最大乾燥密度 $1.88\ \text{g/cm}^3$, 最適含水比 13.5%
　　（ⅲ）$D_c=1.72/1.88\times100=91.5\%$

8.2　$\text{CBR}_{2.5}=0.820/6.9\times100=11.9\%$
　　$\text{CBR}_{5.0}=1.197/10.3\times100=11.6\%$ より,
　　$\text{CBR}=11.9\%$

第9章

9.1　（ⅰ）主働土圧の合力
$$P_a=\frac{1}{2}\times20\times6^2\times\tan^2\left(45°-\frac{36°}{2}\right)=93.5\ \ (\text{kN/m})$$
　　作用点は擁壁下端から $2\ \text{m}$ の高さにある.

　　（ⅱ）主働土圧の合力
$$P_a=\frac{1}{2}\times20\times6^2\times\tan^2\left(45°-\frac{36°}{2}\right)+10\times6\times\tan^2\left(45°-\frac{36°}{2}\right)$$
$$=109.0\ \ (\text{kN/m})$$
　　合力の作用点は擁壁下端から $2.14\ \text{m}$ の高さにある.

9.2　矢板右の土からの主働土圧 $P_a=117.6\ \text{kN/m}$, 矢板左の土からの受働土圧は $P_p=29.4\ D^2\ \text{kN/m}$ であり, 点 O でのモーメントがつりあうには, $117.6\times2\ \text{m}=29.4\times D^3/3$ より, $D=2.88\ \text{m}$.

9.3　式 (9.30), (9.31) より $K_a=0.4533$, $K_p=7.931$ となり,
$$\text{主働土圧の合力}：P_a=\frac{1}{2}\gamma_t H^2 K_a=146.9\ \ (\text{kN/m})$$
$$\text{受働土圧の合力}：P_p=\frac{1}{2}\gamma_t H^2 K_p=2570\ \ (\text{kN/m})$$

第 10 章

10.1 地盤の破壊において，地盤の中に明瞭な破壊面が形成される破壊の形態を，全般せん断破壊という．局部せん断破壊は破壊面が局部的で徐々に広がる破壊形態である．よって破壊面の形態に違いがある．

10.2 地盤は破壊してはならないことから，基礎の設計に用いる極限支持力よりも小さな値．極限支持力を安全率で割った値．

10.3 基礎の底面から地盤に伝えられる圧力を接地圧といい，地盤から基礎底面に作用する反力を地盤反力という．

10.4 表 10.1 の形状係数から $\alpha=1.0$，$\beta=0.5$．表 10.2 の支持力係数を全般せん断破壊，土の内部摩擦角 25 度より，N_c，N_γ，N_q はそれぞれ $N_c=25.1$，$N_\gamma=9.2$，$N_q=12.7$ となる．式（10.2）に代入すると，極限支持力は
$1.0 \times 11 \times 25.1 + 0.5 \times 17.7 \times 2 \times 9.2 + (21-9.8) \times 1.8 \times 12.7 = 694.9$ （kN/m²）
となる．

10.5 土の内部摩擦角 20 度の N_c，N_γ，N_q はそれぞれ $N_c=17.7$，$N_\gamma=4.6$，$N_q=7.48$ となる．式（10.2）に代入すると，極限支持力は 426.9 kN/m² となり，土の内部摩擦角 25 度のときの極限支持力よりも 38.6% 減少する．

第 11 章

11.1 斜面先破壊，底部破壊，斜面内破壊．

11.2 滑動モーメントの総和と抵抗モーメントの総和．

11.3 スウェーデン法とビショップ法．

11.4 円弧すべりを想定した場合，すべり円の大きさやすべり円の位置で安全率の値は変化する．安全率が最も小さいときのすべり円を臨界円という．

11.5 （ⅰ）深さ係数 $n_d=H_1/H=10/5=2$　傾斜角と安定係数の図表から底部破壊．

（ⅱ）安定係数 $N_s=H_c\dfrac{\gamma_t}{c}$ が 5.75 であることから，斜面の限界高さ H_c は 7.19 m となり，よって安全率は 1.44 となる．

11.6 安定係数 N_s が 9.1，斜面の限界高さ H_c は 11.38 m，よって安全率は 2.28 となる．

11.7 安定係数 $N_s=H_c\dfrac{\gamma_t}{c}$ が 3.85．斜面の限界高さ H_c は 3.3 m．安全率は 1.5 を保つので，斜面の高さは 2.2 m．

演習問題解答

11.8

スライス番号	スライスの断面積 m²	スライスの奥行き1mあたりの体積 m³	スライスの重量 W_i kN	スライス底面の傾斜角 α 度	$\sin \alpha_i$	$\cos \alpha_i$	$W_i \sin \alpha$	$W_i \cos \alpha$
(1)	3.6	3.6	59.40	11.3	0.196	0.981	11.63	58.25
(2)	18.15	18.15	299.48	20.1	0.343	0.939	102.87	281.25
(3)	22.35	22.35	368.78	35	0.573	0.819	211.43	302.15
(4)	13.95	13.95	230.18	49.4	0.759	0.651	174.70	149.87
(5)	1.958	1.958	32.31	65	0.906	0.423	29.27	13.67

$\sum W_i \sin \alpha$ 529.9
$\sum W_i \cos \alpha$ 805.19

$$F = \frac{20 \times 16.78 + \tan 20° \times 805.19}{529.90} = 1.18$$

第12章

12.1 混乱を避けるため,繰返し三軸試験の応力状態を全応力表示のモール円で示す.供試体を作成し,等方応力(σ_0)で圧密が終了した段階では,最大,最小主応力はともに σ_0 で,応力状態は①の点で表される.ここから圧縮側に軸応力を増加させると,軸応力が最大主応力,側圧が最小主応力(σ_0)となり,モール円は右に成長する.軸応力を σ_d 加えた段階では,最大主応力は $\sigma_0 + \sigma_d$ となり,②のようなモール円が描ける.このとき,供試体に作用する最大せん断力は,主応力面から45度($2\alpha = 90°$)傾いた面に $\sigma_d/2$ だけ作用していることがわかる.

一方,引張り側に軸応力を減少させた場合,モール円は左に成長し,軸応力が最小主応力,側圧が最大主応力(σ_0)となる.$-\sigma_d$ だけ軸応力を減少させたとき,モール円は③のような形となり,やはり主応力面から45度傾いた面に $-\sigma_d/2$ のせん断力が作用することになる.

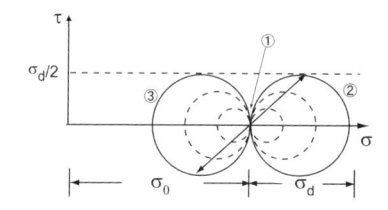

12.2 例えば,サンドコンパクションパイル工法は,地盤を削孔して,振動を与えて締固めながら,孔内に砂杭を造成することにより,ゆるい砂地盤を密な砂地盤にする,密度増大効果を期待した液状化対策工法である.また,グラベルドレーン工法は,液状化によって生じる過剰間隙水圧を瞬時に消散させ,地盤の強度低下を

抑制することを目的に，地盤内に礫を主材料とした排水杭を造成する液状化対策工法である．

第13章

13.1 軟弱地盤を強度で定義する場合，一般にテルツァギーが与えた軟弱さと強度の関係を用いて表現する．「非常にやわらかい（very soft）」は，一軸圧縮強さ 24.5 kN/m² 以下，「やわらかい（soft）」は，24.5～49.0 kN/m² と定義されている．また，標準貫入試験の N 値では，前者が2以下，後者は2～4に対応するとされている．

13.2 軟弱地盤は，①海岸砂州で湾口を閉ざされた流入土砂量の少ないおぼれ谷沖積平野，②おぼれ谷残存湖沼の沿岸三角州，③本流の堆積物で出口を閉ざされた枝谷，④緩流河川の流入する内湾河口三角州，⑤自然堤防背後の後背湿地のようなところに形成される．

13.3 ・バーチカルドレーン工法： 厚く堆積した軟弱粘土地盤中に人工的に排水経路を構築し，排水距離を縮めて促進する方法．
・プレローディング工法： 一定の期間軟弱地盤上に盛土を行い，圧密沈下を促進させ，粘土地盤を過圧密状態にして強度増加を図る方法．
・大気圧載荷工法： 真空ポンプなどにより粘土地盤中から強制排水を行い，圧密を促進させると同時に地盤強度を増加させる方法．

第14章

14.1

	揮発性有機化合物	重金属
汚染の原因	・溶剤として使用や処理過程における不適切な取扱い ・廃棄物の不適性な埋立処分や不法投棄	・対象物質を含む原材料 ・薬品等の保管・製造過程における漏出 ・不適正な排水の地下浸透 ・廃棄物の不適正な埋立処分 ・自然由来
性質	・揮発性が高く，不燃性であり油の溶解力が高い ・低粘性で，水より重いため，土壌に浸透し，地下水に移行しやすい	・一般に水に対する溶解度が低く，土壌に吸着されやすいため，移動しにくい ・媒体となる土壌の性状（pH など）によって土壌中の形態が影響される
特徴	土壌に浸透しやすく，深部まで広域に汚染が拡散することがある．土壌中では，液状，ガス状で存在する	移動性が低いため，一般的に汚染が地表面付近で局所的にとどまることが多く，深部まで拡散しない場合が多い

備　考	ベンゼンは水より比重が軽い	六価クロムやシアン等のように水に対する溶解度が高く，移動性が高いものは，地下深部，広域に汚染が拡散することがある

14.2　汚染物質が地下水の流れとともに移動し拡散する際，土壌へ吸着・脱着を繰り返しながら，移流と分散という現象が発生する．汚染物質の移流とは，地下水に溶け込んだ汚染物質が，時間が経過しても濃度分布を保持した状態で地下水の流れに乗って移動する現象である．一方，分散は地盤中の地下水流速の不均一性によって汚染濃度が空間的に広げられる現象であり，濃い汚染濃度が時間経過とともに薄く広がる現象である．地下水の流速が速い場合には移流支配の挙動となり，流速が遅い場合には分散支配の挙動となる．

　　また，汚染物質の移動速度は土壌への吸着・脱着の作用に大きく影響し，吸着・脱着が繰り返されることにより間隙を流れる水の移動速度よりも小さくなり，遅れの現象が生じる．土壌への吸着の度合いが大きい汚染物質ほど遅れの度合いが大きい．

14.3　土壌への吸着により，汚染物質の移動速度が地下水の移動速度より遅れる現象が発生する．その遅れの程度を表す指標として分配係数があげられる．分配係数は，間隙水に溶解している汚染物質が土粒子に吸着する程度を表すものであり，分配係数が大きいほど，土粒子への汚染物質の吸着量が大きく，移動速度が遅いと評価できる．

索　　引

ア　行

浅い基礎　118
アーチ作用　109
圧縮　57
圧縮係数　61
圧縮指数　62,68
圧密　58
圧密係数　63,66
圧密現象　58
圧密降伏応力　69
圧密時間　64
圧密試験　65
圧密試験装置　65
圧密層　58
圧密促進工法　148
圧密沈下　118
圧密沈下時間　71
圧密沈下量　69
圧密度　64
圧密方程式　63
圧密理論　62
圧力エネルギー　45
安全率　122
安定係数　127

位置エネルギー　44
一軸圧縮試験　80
一面せん断試験　78
糸魚川・静岡構造線　3
異方性　9
移流　161
e-$\log p$ 法　70

運積土　6

影響値　36,39,41
鋭敏比　81
液状化　11
液状化安全率　136
液状化強度　138
液状化現象　132
液状化対策　139
液状化抵抗力　137
液状化判定　138
液性限界　25
SCP工法　151
S 波　133
N 値　15,142
m_v 法　70
円弧すべり　123
鉛直ひずみ　59

応力球根　37
応力計算式　36
オーバーコンパクション　90
おぼれ谷　8,141

カ　行

過圧密　68
過圧密状態　69,84
過圧密比　69
崖錘　7
海成沖積土　7
化学的風化作用　5
拡散　156
火山性降下堆積土　7

荷重（荷重強さ）-貫入量曲線　93
過剰間隙水圧　49,134
仮想背面　105
滑動　106
過転圧　90
間隙　31
間隙空気　9
間隙水　9
間隙水圧　32,59
間隙比　23
間隙率　23
乾燥単位体積重量　21
乾燥密度　22
関東ローム　7
貫入試験　93

機械的拡散係数　162
北アメリカプレート　2
揮発性有機化合物　158
吸水膨張試験　92
吸着　155
吸着水　54
吸着水膜　10
極　76
極限支持力　110,111
曲線定規法　67
局部せん断破壊　111
曲率係数　21
許容支持力　117
許容地耐力　118
許容沈下量　118
均等係数　21

索　引

杭基礎　119
クイックサンド　50
杭の鉛直極限支持力　119
杭の支持力　119
空気間隙率一定曲線　88
繰返し回数　137
繰返し三軸試験　136
繰返しせん断応力比　137
繰返しせん断力　133
繰返し中空ねじり試験　136
クーロン土圧　103
　　地震時の――　105
クーロンの破壊規準　77
群杭　119
群杭効果　120

軽非水液　158
原位置試験　13
現場透水試験　48

硬岩　4
洪積層　8
構造　9
構造線　3
固結工法　152
湖成沖積土　7
互層地盤　34, 53
コラプス　91
コーン貫入試験　16
コンシステンシー　25

サ　行

災害　11
最小主応力　75
最大乾燥密度　88
最大軸差応力　79
最大主応力　75
最適含水比　88
細粒分　19
サウンディング　14
三角座標　28
三軸圧縮試験　78
残積土　5
サンドコンパクションパイル工
　　法　151

サンドドレーン工法　149
サンドマット工法　146
サンプリング　13
残留　155

時間係数　64
試行くさび法　105
支持杭　120
C_c 法　71
支持力係数　112
支持力公式　112
支持力理論　110
地震時のクーロン土圧　105
湿潤単位体積重量　21
湿潤密度　22
室内透水試験　46
支配方程式　163
地盤　1
　　――の動的問題　132
　　――の破壊　111
地盤改良　143
地盤材料の工学的分類方法　28
地盤調査　12
地盤反力　117
CBR　91
締固め　57
締固めエネルギー　87
締固め曲線　88
締固め工法　150
締固め試験　86
締固め度　90
斜面先破壊　123
斜面内破壊　123
重金属　159
収縮限界　25
重錘落下締固め工法　151
修正CBR　91, 93
自由地下水　48
集中荷重　36
重非水液　158
周面摩擦力　119
重力井戸　49
主応力　74
主応力載荷型　78
主応力面　74
主働円　98

受働円　98
主働土圧　96
受働土圧　96
自立高さ　99
真空圧密工法　150
深層混合処理工法　152
振動締固め工法　151
浸透水圧　50
浸透破壊　51

水質汚濁防止法　156
水中単位体積重量　25
垂直応力　73
水頭　45
スウェーデン式サウンディング
　　試験　17
スウェーデン法　126
ストークスの法則　20

正規圧密　68
正規圧密状態　69, 84
静止土圧　96
静止土圧係数　97
成層地盤　33
石分　19
設計CBR　91, 94
接地圧　117
ゼロ空気間隙曲線　88
全応力　59
線荷重　36
せん断応力　73
せん断応力載荷型　78
先端支持力　119
せん断破壊　111
全般せん断破壊　111

造山運動　3
相対密度　25
速度エネルギー　45
塑性限界　25
塑性指数　27
塑性図　28
塑性体　111
塑性の沈下　118
粗粒分　19

索 引

タ 行

大気圧載荷工法　150
台形分布荷重　40
弾性的沈下　118
体積圧縮係数　59,61,68
堆積土　4
堆積粘土層　60
太平洋プレート　2
ダイレイタンシー　82,133
多層地盤　118
ダルシーの法則　46
単孔式透水試験　48
弾性体　111
弾性論　35
断層　3

遅延係数　163
地下水位　34
地下水位低下工法　150
力の三角形　103
置換工法　147
地形図　2
地質図　2
中央構造線　3
中間応力　32
沖積層　8,142
沈下　107,118
沈下現象　70

土くさび論　103
土のせん断強さ　76
土の破壊基準　76

定水位透水試験　47
定積土　6
底部破壊　123
テルツァギーの支持力公式　113
テルツァギーの限界動水勾配　51
転倒　107

動圧密工法　151
等応力度線　37
凍上　55

透水係数　46
動水勾配　46
動的挙動　131
等分布円形荷重　38
等分布荷重　35,37
等分布帯状荷重　38
等分布長方形荷重　39
等ポテンシャル線　52
土質試験　12,13
土質断面図　13
土質柱状図　16
土壌汚染対策法　156
土壌含有量基準　164
土壌溶出量基準　164
土粒子骨格　31

ナ 行

軟岩　4
軟弱地盤　141
軟弱地盤改良工法　146
軟弱層　142

根入れ幅比　119
ネガティブフリクション　120

農薬　160

ハ 行

配向構造　10
排水距離　64
パイピング　51
バイブロフローテーション工法　151
バルク水　54
半無限弾性地盤　37

被圧地下水　48
非圧密層　58
ビショップ法　126
P波　133
非排水繰返しせん断試験　136
標準荷重　93
標準荷重強さ　93
標準貫入試験　15,142

表層処理工法　146
表層土質安定処理工法　146
表面張力　54

不圧地下水　48
フィリピン海プレート　2
風化土　4
フェレニウス法　126
深い基礎　119
深さ係数　127
ブーシネスク　36
敷設材工法　146
物理的風化作用　5
プラスチックボードドレーン工法　149
プラントルの支持力公式　112
プレローディング工法　150
プロクターの締固め原理　88
フローネット　52
分割法　125
分級作用　6
分散　161
分配係数　164
分布荷重　36

ヘーゼンの式　46
変形係数　81
変水位透水試験　47

ボイリング　51
飽和単位体積重量　33
飽和度　24
飽和度一定曲線　88
掘り抜き井戸　48

マ 行

マイヤーホフの支持力公式　115
摩擦円法　127
摩擦杭　120

三笠法　69
未固結堆積物　4
水の単位体積重量　33
乱さない試料　13

乱した試料　13

綿毛構造　10

毛管上昇高　54
毛管水　54
盛土荷重　40
盛土荷重載荷工法　149
盛土施工　40
モール・クーロンの破壊規準　76
モールの応力円　75

ヤ　行

ヤーキーの式　97

薬液注入工法　153

有効応力　32,59
　　──の原理　32
ユーラシアプレート　2
油類　159

溶解　155
揚水試験　48

ラ　行

ランキンの土圧　97
ランマー　87

流管　52

粒径加積曲線　20
粒子間力　32
流線網　52
流動曲線　26
流動現象　131
粒度試験　20
臨界円　127

$\sqrt{t}$ 法　66
ルーフィング　52

著者略歴

西村 友良（にしむら ともよし）
1964年　大阪府に生まれる
1991年　長岡技術科学大学大学院工学研究科博士後期課程修了
現　在　足利工業大学工学部都市環境工学科・教授／博士（工学）
第1, 2, 3, 7, 11章担当

杉井 俊夫（すぎい としお）
1962年　岐阜県に生まれる
1987年　岐阜大学大学院工学研究科修士課程修了
現　在　中部大学工学部都市建設工学科・教授／博士（工学）
第5, 8, 9章担当

規矩 大義（きく ひろよし）
1963年　兵庫県に生まれる
1993年　九州工業大学大学院工学研究科博士後期課程修了
現　在　関東学院大学工学部社会環境システム学科・教授／博士（工学）
第12章担当

佐藤 研一（さとう けんいち）
1962年　福岡県に生まれる
1988年　九州大学大学院工学研究科修士課程修了
現　在　福岡大学工学部社会デザイン工学科・教授／博士（工学）
第4, 6, 13章担当

小林 康昭（こばやし やすあき）
1940年　長野県に生まれる
1963年　早稲田大学第一理工学部卒業
現　在　足利工業大学工学部都市環境工学科・教授／博士（工学）
第10章担当

須網 功二（すあみ こうじ）
1965年　愛知県に生まれる
1990年　名古屋大学大学院工学研究科修士課程修了
現　在　大成建設(株)エコロジー本部・シニアエンジニア／修士（工学）
第14章担当

基礎から学ぶ
土 質 工 学

定価はカバーに表示

2007年9月25日　初版第1刷
2024年8月1日　　第16刷

著　者　西　村　友　良
　　　　佐　藤　研　一
　　　　杉　井　俊　夫
　　　　小　林　康　昭
　　　　規　矩　大　義
　　　　須　網　功　二
発行者　朝　倉　誠　造
発行所　株式会社　朝　倉　書　店
　　　　東京都新宿区新小川町 6-29
　　　　郵便番号　162-8707
　　　　電　話　03(3260)0141
　　　　FAX　　03(3260)0180
　　　　https://www.asakura.co.jp

〈検印省略〉

ⓒ 2007〈無断複写・転載を禁ず〉

Printed in Korea

ISBN 978-4-254-26153-0　C 3051

JCOPY 〈出版者著作権管理機構　委託出版物〉

本書の無断複写は著作権法上での例外を除き禁じられています。複写される場合は，そのつど事前に，出版者著作権管理機構（電話 03-5244-5088, FAX 03-5244-5089, e-mail: info@jcopy.or.jp）の許諾を得てください。

前京大 嘉門雅史・東工大 日下部治・岡山大 西垣 誠編

地盤環境工学ハンドブック

26152-3 C3051　　　　B 5 判 568頁 本体23000円

「安全」「防災」がこれからの時代のキーワードである。本書は前半で基礎的知識を説明したあと、緑地・生態系・景観・耐震・耐振・道路・インフラ・水環境・土壌汚染・液状化・廃棄物など、地盤と環境との関連を体系的に解説。〔内容〕地盤を巡る環境問題／地球環境の保全／地盤の基礎知識／地盤情報の調査／地下空間環境の活用／地盤環境災害／建設工事に伴う地盤環境問題／地盤の汚染と対策／建設発生土と廃棄物／廃棄物の最終処分と埋め立て地盤／水域の地盤環境／付録

東工大 池田駿介・名大林 良嗣・前京大 嘉門雅史・東大 磯部雅彦・東工大 川島一彦編

新領域 土木工学ハンドブック

26143-1 C3051　　　　B 5 判 1120頁 本体38000円

〔内容〕総論(土木工学概論、歴史的視点、土木および技術者の役割)／土木工学を取り巻くシステム(自然・生態、社会・経済、土地空間、社会基盤、地球環境)／社会基盤整備の技術(設計論、高度防災、高機能材料、高度建設技術、維持管理・更新、アメニティ、交通政策・技術、新空間利用、調査・解析)／環境保全・創造(地球・地域環境、環境評価・政策、環境創造、省エネ・省資源技術)／建設プロジェクト(プロジェクト評価・実施、建設マネジメント、アカウンタビリティ、グローバル化)

京大防災研究所編

防災学ハンドブック

26012-0 C3051　　　　B 5 判 740頁 本体32000円

災害の現象と対策について、理工学から人文科学までの幅広い視点から解説した防災学の決定版。〔内容〕総論(災害と防災,自然災害の変遷,総合防災的視点)／自然災害誘因と予知・予測(異常気象,地震,火山噴火,地表変動)／災害の制御と軽減(洪水・海象・渇水・土砂・地震動・強風災害,市街地火災,環境災害)／防災の計画と管理(地域防災計画,都市の災害リスクマネジメント,都市基盤施設・構造物の防災診断,災害情報と伝達,復興と心のケア)／災害史年表

冨田武満・福本武明・大東憲二・西原 晃・深川良一・久武勝保・楠見晴重・勝見 武著

最新 土 質 力 学 (第2版)

26145-5 C3051　　　　A 5 判 224頁 本体3600円

土質力学の基礎的事項を最新の知見を取入れ、例題を掲げ簡潔に解説した教科書。〔内容〕土の基本的性質／土の締固め／土中の水理／圧縮と圧密／土のせん断強さ／土圧／地中応力と支持力／斜面の安定／土の動的性質／土質調査／地盤環境問題

京大 岡二三生著

土 質 力 学

26144-8 C3051　　　　A 5 判 320頁 本体5200円

地盤材料である砂・粘土・軟岩などの力学特性を取り扱う地盤工学の基礎分野が土質力学である。本書は基礎的な部分も丁寧に解説し、新分野としての計算地盤工学や環境地盤工学までも体系的に展開した学部学生・院生に最適な教科書である

杉本光隆・河邑 眞・佐藤勝久・土居正信・豊田浩史・吉村優治著
ニューテック・シリーズ

土 の 力 学

26491-3 C3351　　　　A 5 判 192頁 本体2800円

力学的背景を明確にして体系的な理解を重視した初学者向け教科書。演習問題付き。〔内容〕土の基本的性質／地盤内の応力と力学問題(土の力学の基礎知識)／土中の水とその流れ／圧密／土のせん断特性／土圧／支持力／斜面の安定／地盤改良

前農工大 亀山 章編

生 態 工 学

18010-7 C3040　　　　A 5 判 180頁 本体3500円

生態学と土木工学を結びつけ体系的に論じた初の書。自然と保全に関する生態学の基礎理論、生きものと土木工学との接点における技術的基礎、都市・道路・河川などの具体的事業における工法に関する技術論より構成

上記価格 (税別) は 2024 年 7 月 現在